BLOCKCHAIN

TECHNOLOGY AND APPLICATION

区块链

从技术到应用

李振军 廖银萍 ◎ 著

北京时代华文书局

图书在版编目（CIP）数据

区块链：从技术到应用 / 李振军，廖银萍著 .—北京：北京时代华文书局，2022.12
ISBN 978-7-5699-4730-4

Ⅰ.①区… Ⅱ.①李…②廖… Ⅲ.①区块链技术 Ⅳ.① TP311.135.9

中国版本图书馆 CIP 数据核字 (2022) 第 203126 号

拼音书名 | QUKUAILIAN：CONG JISHU DAO YINGYONG

出 版 人 | 陈　涛
策划编辑 | 周　磊
责任编辑 | 周　磊
责任校对 | 张彦翔
封面设计 | 天行健设计
内文设计 | 迟　稳
责任印制 | 訾　敬

出版发行 | 北京时代华文书局 http://www.bjsdsj.com.cn
　　　　　北京市东城区安定门外大街 138 号皇城国际大厦 A 座 8 层
　　　　　邮编：100011　电话：010-64263661　64261528
印　　刷 | 三河市嘉科万达彩色印刷有限公司 0316-3156777
　　　　　（如发现印装质量问题，请与印刷厂联系调换）
开　　本 | 710 mm×1000 mm 1/16　　印　张 | 19.25　字　数 | 268 千字
版　　次 | 2022 年 12 月第 1 版　　　　印　次 | 2022 年 12 月第 1 次印刷
成品尺寸 | 170 mm×240 mm
定　　价 | 78.00 元

前　言

　　区块链是近几年的热点话题之一，因其集成分布式数据存储、点对点传输、共识机制、加密算法等技术，有效解决了传统交易模式中数据在系统内流转过程中的造假行为，从而构建可信交易环境、创造可信社会氛围。2018年5月，习近平总书记在"两院院士大会"上的讲话中指出，"以人工智能、量子信息、移动通信、物联网、区块链为代表的新一代信息技术加速突破应用"。区块链凭借其独有的信任建立机制，成为产业与科技深度融合的重要方向。在政策、技术、市场等因素推动下，区块链技术正在加速与产业融合，助力高质量发展。区块链的应用领域已由金融扩展到物联网、智能制造、供应链管理、数据存证及交易等，为云计算、大数据、承载网络等新一代信息技术带来新的发展机遇。区块链构建的可信机制，将颠覆传统的商业模式，从而引发新一轮的技术创新和产业革命。

　　2008年，中本聪发表了《比特币：一种点对点的电子现金系统》，距今已经超过10年了。在此期间，区块链从以比特币（Bitcoin）为代表的区块链1.0时期和以以太坊为代表的区块链2.0时期，发展到旨在让区块链为广大用户接受并使用的区块链3.0时期。其发展速度不可谓不迅猛。但是当谈起区块链时，人们对区块链的印象主要还是停留在莱特币（Litecoin）、以太币（ETH）、以太经典（ETC）、狗狗币（Dogecoin）等以区块链为基础的各种类似比特币的加密货币，以及不久前还声势浩大的"挖矿运动"。这使得区块链成为社会"热点"，但是这些"热点"过于狭隘。为了更加全面、深入地了解区块链，人们迫切需要一本由浅入深地、系统地介绍什么是区块链、区块链如何运行、区块链使用了哪些关键技术和区块链有哪些实际应用的书籍，从本质上认识和理解区块链及相关应用。

本书共六章：第一章从区块链的起源和发展、区块链的概念和特征、区块链的基本原理三个方面向读者介绍区块链；第二章介绍区块链的架构和其使用的关键技术，包括账本、点对点网络、共识机制、智能合约等；第三章从多个角度对区块链进行了分类；第四章从多个产业出发，介绍在不同产业中区块链与产业融合的典型应用场景和案例；第五章介绍了当前区块链产业的相关产业政策和发展现状；第六章介绍了区块链在不同应用领域的相关进展。

笔者希望本书为读者朋友打开精彩的区块链世界的大门。鉴于作者水平有限，书中难免存在不足和错误之处，恳请读者提出宝贵意见和建议。

李振军　廖银萍

目　录

■ **第四章 区块链的典型应用场景及案例**

■ **第五章 区块链产业发展现状**

■ **第六章 区块链在应用领域的进展**

区块链：
从入门到商用

第一章

区块链简介

第一节　区块链的起源和发展

一、比特币与区块链

比特币是迄今为止最为成功的区块链应用。据区块链实时监控网站 Blockchain.info统计，平均每天有约24万笔交易被写入比特币区块链中，每天的交易额约为1.8亿美元。加密货币市值统计网站coinmarketcap.com的数据显示，截至2022年7月，全球共有20 363种加密货币，总市值超过9 700亿美元。由于比特币是首个加密货币，因此它的市值是最大的，在加密货币市场中占据主导地位，约占加密货币总市值的41.5%；以太币的市值排名第二，约占加密货币总市值的18.0%。

比特币的第一个区块（被称为创世区块）"诞生"于2009年1月3日，由比特币的创始人中本聪（Satoshi Nakamoto）持有。一周后，中本聪发送了10枚比特币给密码学专家哈尔·芬尼，形成了第一次比特币交易。2010年5月，一位程序员用1万枚比特币购买价值为25美元的比萨，比特币的第一个"公允汇率"就此出现了。此后，比特币的价格快速上涨，并在2013年11月创下1枚比特币兑换1 242美元的纪录，超过同期每盎司①黄金1 241.98美元的价格。

比特币是一种通过分布式网络产生的电子货币，它的发行过程并不依赖特定的中心化机构，而是通过工作量证明（Proof of Work，PoW）的共识机制完成比特币交易验证与记录。比特币系统中的各节点基于各自的计算机算力相互竞争，共同解决一个求解复杂但是验证容易的SHA–256数学难题，最快解决该难题的节点将获得下一个区块的记账权和系统自动生成的奖励。比特币系统对做记账工作的人提供奖励，只要节点诚实记账，就可以获得奖励，这个奖励包括两部分：新增发的比特币和交易费。这种奖励机制使节点更倾向于诚实地记账，而不是篡改账目、破坏系统。这种奖励机制事实上还创建了一个真正的共享经济系统。用户通过向比特币网络添加自己的计算资源，以保证其正常运转，可以获得相应的报酬。这些记账的人，也就是"矿工"，成了比特币的忠实拥护者。这也是比特币能够在很短时间内迅速发展并普及的关键。

区块链技术为比特币系统解决了加密货币领域长期以来必须面对的两个重要问题：双重支付问题和拜占庭将军问题②。

双重支付又被称为"双花"，即利用货币的数字特性两次或多次使用"同一笔钱"完成支付。在传统金融和货币体系中，现金（法定货币）为物理实

① 　1盎司=28.349 5克。
② 　拜占庭将军问题是一个协议问题。拜占庭帝国国土辽阔，为了达到防御目的，每支军队都离得很远，将军与将军之间只能靠信使传递消息。拜占庭帝国的将军们必须共同做出是否攻击某一支敌军的决定。但是，这些将军在地理上是分隔的，并且军队中可能有叛徒和间谍左右将军们的决定、扰乱整体军队的秩序。这时候，在已知可能有叛徒和间谍的情况下，其余忠诚的将军如何不受叛徒和间谍的影响达成一致的协议就成了问题。

体，因此自然能够避免双重支付问题；其他数字形式的货币则需要可信的第三方中心机构（如银行）提供技术保障。区块链技术的贡献是在没有第三方机构的情况下，通过分布式节点的验证和共识机制解决了去中心化系统的双重支付问题，在完成信息传输过程的同时完成了价值转移。

拜占庭将军问题是分布式系统交互过程普遍面临的难题，即在缺少可信任的中央节点的情况下，分布式节点如何达成共识和建立互信。区块链通过加密技术和分布式共识算法，实现了在无须信任单个节点的情况下构建一个去中心化的可信任系统。与传统中心机构（如中央银行）的信用背书机制不同的是，比特币区块链形成的是软件定义的信用，这标志着由中心化的国家信用向去中心化的算法信用转变的根本性变革。

比特币凭借其先发优势，目前已经形成体系完备的涵盖发行、流通和市场的"生态圈"，如图1-1所示。这也是比特币能够长期占据加密货币市场份额头名的主要原因。比特币的开源特性吸引了大量开发者持续地贡献关于比特币的创新技术、方法和机制；比特币各网络节点（"矿工"）提供算力以保证比特币系统的稳定性和安全性，其算力大多来自设备商销售的专门用于PoW共识算法的专业设备（"矿机"）。

比特币系统为每个新发现的区块发行一定数量的比特币以奖励"矿工"，部分"矿工"可能会相互合作建立收益共享的矿池，以便汇集算力来提高获得比特币的概率。比特币经发行进入流通环节后，持币人可以通过特定的软件平台（如比特币钱包）向商家支付比特币来购买商品或服务，这体现了比特币的货币属性。由于比特币价格的涨跌机制使其完全具备金融衍生品的所有属性，因此出现了比特币交易平台以方便持币人投资。在流通环节和金融市场中，每一笔比特币交易都会由比特币网络的全体"矿工"验证并记入区块链。

比特币是区块链技术赋能的第一个"杀手级"应用。迄今为止，区块链的核心技术和人才资源仍大多在比特币研发领域。然而，区块链作为未来新一代的底层基础技术，其应用范围势必会超越加密货币而延伸到金融、经济、科技和政治等其他领域。比特币现有的技术、模式和机制，将会对区块链在新应用领域的发展提供有益的借鉴，而新领域的区块链创新也势必会反过来促进人们解决比特币系统现存的问题。因此，比特币和区块链技术存在着协同进化、和谐共生的良性关系。

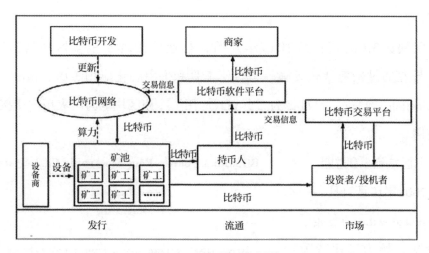

图1-1　比特币的"生态圈"

二、区块链的发展历程

从2009年开始，以区块链为基础的各种类似比特币的加密货币先后出现，例如莱特币（Litecoin）、以太币（ETH）、以太经典（ETC）、狗狗币

（Dogecoin），以及大零币（Zcash）。除了加密货币以外，区块链也有许多其他应用，例如档案存储系统Storj（云存储）、预测市场系统Augur（阿格）、电子商务系统OpenBazaar（露天市场）、智能合约系统等。区块链技术演变可以分为三个时期：

区块链1.0时期：以比特币为代表，它集独立的区块链网络、单一的协议和应用于一体，其本质是一个用于存储基础数据的分布式账本，承载加密货币应用。

区块链2.0时期：以以太坊为代表，区块链网络中除了分布式账本之外，还加入了一种新技术——智能合约，承载的应用场景从加密货币延伸到了加密资产。

区块链3.0时期：从2017年开始，行业内出现了很多区块链3.0项目，旨在通过构建基础设施、平台、工具和去中心化应用（Decentralized Application，DApp，也被称为"分布式应用"），让区块链为广大用户所接受并使用。

1.区块链1.0时期

2008年10月31日，中本聪在metzdowd.com发表了一篇论文，题为《比特币：一种点对点的电子现金系统》，如图1-2所示。这篇论文又被称为《比特币白皮书》。中本聪在文中详细描述了如何基于加密算法，使

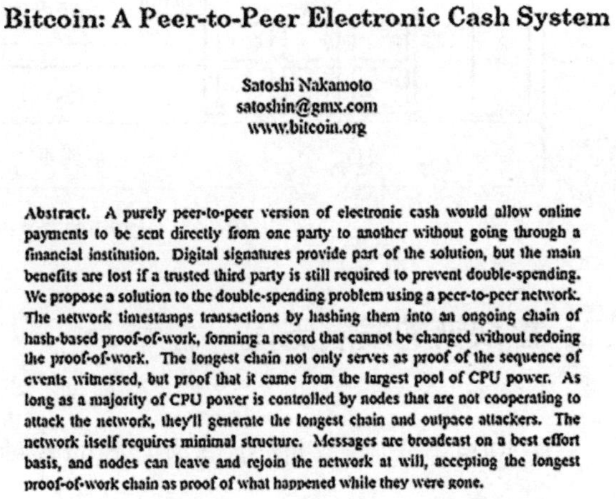

Bitcoin: A Peer-to-Peer Electronic Cash System

Satoshi Nakamoto
satoshin@gmx.com
www.bitcoin.org

Abstract. A purely peer-to-peer version of electronic cash would allow online payments to be sent directly from one party to another without going through a financial institution. Digital signatures provide part of the solution, but the main benefits are lost if a trusted third party is still required to prevent double-spending. We propose a solution to the double-spending problem using a peer-to-peer network. The network timestamps transactions by hashing them into an ongoing chain of hash-based proof-of-work, forming a record that cannot be changed without redoing the proof-of-work. The longest chain not only serves as proof of the sequence of events witnessed, but proof that it came from the largest pool of CPU power. As long as a majority of CPU power is controlled by nodes that are not cooperating to attack the network, they'll generate the longest chain and outpace attackers. The network itself requires minimal structure. Messages are broadcast on a best effort basis, and nodes can leave and rejoin the network at will, accepting the longest proof-of-work chain as proof of what happened while they were gone.

图1-2　《比特币：一种点对点的电子现金系统》

用点对点（peer-to-peer，p2p）网络来建立一套去中心化的电子交易系统，且这种系统不需要建立在交易双方相互信任的基础之上。他将这种数字货币称为"比特币"。

2009年1月3日，在位于芬兰赫尔辛基的一台小型服务器上，中本聪"挖出"了世界上第一个区块——创世区块，该区块记录着英国《泰晤士报》当天的头版标题：03/Jan/2009 *Chancellor on brink of second bailout forbanks*（2009年1月3日 财政大臣处于对银行进行第二次救助的边缘）。这句话就像魔咒一样开启了比特币时代。

2010年5月22日，美国佛罗里达州的一名程序员用1万枚比特币购买了价值25美元的比萨。这是比特币第一次作为现实中的货币进行交易，比特币自此拥有了自己的交易价值。

2013年，有人在比特币社区提出"染色币"（Colored Coin）的概念，这允许人们使用比特币区块链的特性来定义比特币空余的数据格式，以代表其持有的其他资产。这使得比特币区块链不仅可支持比特币交易，还可以支持其他更广泛的应用。原微软工程师弗拉维安为染色币制定了实施标准《开放资产协议》，并创办了染色币钱包项目Coinprism（币棱镜），让用户可以更高效地对比特币进行"染色"，让其成为映射资产的凭证。染色币是起源于比特币社区的一次试验，但比特币核心开发团队并不欢迎这一对比特币的改造举动，甚至推出了补丁程序加以制止，因此染色币并未获得成功。

2013年，各种"分叉币"盛行。扩展一个应用最简单的方法是复制其代码然后在此基础上直接修改。因此，早期大量的虚拟币复制并修改了比特币的代码然后运行，莱特币、狗狗币等比较知名的分叉币就是这样产生的，这些分叉币大多是只修改了少量代码，这也就导致它们代码的相似度高达99%。

2.区块链2.0时代

2014年1月25日，以太坊正式发布。以太坊最初由维塔利克·布特林（Vitalik Buterin）在2013年提出。布特林本是一名参与比特币社群的程序员，曾向比特币核心开发人员主张比特币平台应该要有一种更完善的编程语言让人开发程序，但未得到他们的同意。因此，布特林决定自己开发一个新的平台。他认为很多程序都可以用类似比特币的原理来实现进一步发展。他在2013年写下了《以太坊白皮书》，说明了建造去中心化程序的目标。2014年，他通过网络公开募资得到开发的资金，投资人用比特币向基金会购买以太币。以太坊程序最初是由以太坊瑞士有限公司（Ethereum Switzerland GmbH）开发的，之后由非营利机构以太坊基金会（Ethereum Foundation）负责。在以太坊平台发展之初，有人称赞以太坊的科技创新，但也有人质疑其安全性和可扩展性。

以太坊开发项目分为四个阶段：边境（Frontier）、家园（Homestead）、都会（Metropolis）、宁静（Serenity）。宁静又被称为"以太坊2.0"，是项目的最终阶段，将由工作量证明转至权益证明（Proof of Stake，PoS），并开发第二层扩容方案。

2014年5月，Tendermint（嫩薄荷）公司成立了。这家区块链共识算法及点对点网络协议服务提供商主要为用户提供构建和维护去中心化应用的"基础设施"。

2015年1月，IPFS协议实验室成交，并发布IPFS。IPFS的全称是InterPlanetary File System（星际文件系统），是一个点对点的超媒体协议，同时也是一种用于存储和访问文件、网站、应用程序和数据的分布式系统。最初的IPFS只是为了解决中心化问题，IPFS基于数据分布式储存网络。随着

IPFS的发展，其可以实现永久保存和消除互联网中重复的数据，节省空间和资源，有利于信息数据资源利用和回收。IPFS的目标是取代传统的HTTP（Hyper Text Transfer Protocol，超文本传输协议），打造一个更加开放、快速、安全的互联网。

2015年，联盟链兴起与发展。这标志着区块链技术进入金融、IT等主流领域。

2015年，由IBM（国际商业机器公司）和Digital Asset（数字资产公司）创建的第一个模块化设计的区块链平台Hyperledger Fabric（超级账本架构）"诞生"，其旨在打造一个提供分布式账本解决方案的联盟链平台。

2015年9月，R3区块链联盟成立，致力推广区块链技术在金融行业的应用，被称为"全球顶级区块链联盟"。

2015年11月，微软启动BaaS（Blockchain as a Service，区块链即服务）计划，计划将区块链技术引入Azure（天蓝）公有云平台，并为使用Azure云服务的金融行业客户提供BaaS服务，让这些客户可以迅速搭建私有、公有及混合的区块链开发环境。

2016年2月，IBM宣布推出基于Hyperledger Fabric部署的区块链服务平台BaaS。

The DAO（去中心化自治组织）是迄今为止全球规模最大的基于以太坊平台的众筹项目，目的是让持有该项目通证的参与者通过投票决定投资的项目，整个社区完全自治，并通过智能合约来实现。

2016年6月初，The DAO被发现存在漏洞。以太币被不断地从个人账户中转移出去。有攻击者利用这个漏洞共转移了360万个以太币。The DAO尝试了很多方案，例如，通过"软分叉"发送大量垃圾交易来阻塞交易验证，从而减缓黑客转移以太币的速度，但是这些方案没有一种方法能够有效地解决问题。以太坊创始人维塔利克·布特林提出了"硬分叉方案"，即通过"硬分叉"使黑客利用漏洞转出的区块失效。

The DAO攻击事件给整个区块链产业带来巨大影响。黑客的行为证明了由机器自动执行的智能合约存在巨大的漏洞，黑客利用规则漏洞"合法"地转移了大量以太币。

以太坊的联合创始人加文·伍德在完成了《以太坊黄皮书》写作和早期核心代码开发后，成立了区块链技术公司Parity Technologies（奇偶校验技术），开发了Parity（奇偶校验）钱包应用。2017年7月19日，Parity钱包因为安全漏洞造成用户的15万枚以太币（当时大约价值3 000万美元）被盗。

2017年11月7日，由于Parity钱包出现了一个新的漏洞，致使大约50万枚以太币被锁在多重签名智能合约里而丢失。此次攻击造成的经济损失约为The DAO攻击事件的三倍。

2017年10月15日，Polkadot（圆点花纹）项目发布。Polkadot是由Web3基金会支持的跨链协议开源项目，主要目的是将各自独立、无法互相直接连通的区块链连接起来。通过使用Polkadot协议，不同区块链之间可以进行高效、安全的数据通信和传递。

Polkadot强调解决当时区块链技术存在的三个问题——可扩展性、交互性、共享安全性，在保证区块链本身全部功能的同时，允许不同属性的区块链在安全的条件下进行交互。

2017年11月28日，基于以太坊平台开发的《加密猫》（*CryptoKitties*）上线，如图1-3所示。游戏玩家必须花费以太币购买基于ERC-721标准生成的虚拟猫，这些虚拟猫的性格、品种、价格不同，越稀有的猫价格越高。玩家在拥有虚拟猫之后，就可以开始日常"喂养"和"配种"。这款游戏一周内迅速爆红，成为当时以太坊单日使用率最高的应用，曾占据以太坊网络16%以上的交易流量，导致以太坊网络不堪重负，出现严重拥堵，基于以太坊平台的转账交易延迟，甚至无法转账。

《加密猫》暴露了以太坊在交易量增加时就会出现网络拥堵问题。为了解决扩展问题，以太坊决定将"分片"作为扩展该网络的一种方式。

图1-3　《加密猫》

2017年，麻省理工学院发出首个区块链上的学历证书。2017年起，麻省理工学院开始向获得学士、硕士、博士学位的毕业生发放在比特币网络上存证的数字学历证书，如图1-4所示。由此，麻省理工学院成为全球第一家颁发区块链文凭的教育机构。

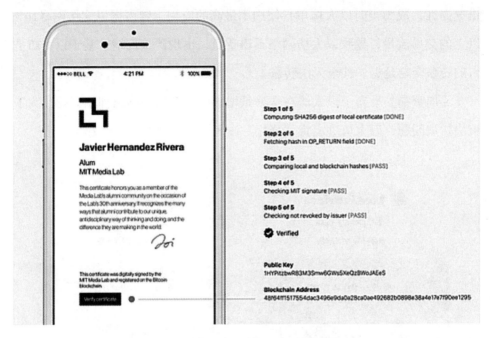

图1-4　麻省理工学院颁发的区块链文凭

3.区块链3.0时期

2018年1月6日，ArcBlock（区块基石）区块链3.0平台上线。该平台的创始人冒志鸿在2017年开始创建了新一代区块链应用平台ArcBlock，并于2018年1月首次对外公布。ArcBlock成为2018年初全球最具有影响力的区块链项目之一。

ArcBlock是一个区块链"生态系统"，是专为开发部署去中心化应用而设计的云计算平台。针对去中心化应用开发面临的底层区块链性能低下、用户体验差、成本高、平台"锁定"风险大、功能匮乏等弱点，ArcBlock提供开发者基于去中心身份、结合云计算的ABT链网和区块链开发框架，一键发链、跨链连接，使去中心应用可以按需要在不同区块链上运行，帮助各行各业将已有系统和服务与区块链进行无缝连接，充分发挥区块链技术对现有业务数据、用户与流程的改造、赋能作用，推动形成新的信息社会基础架构。

2018年4月26日，AWS（Amazon Web Services，亚马逊云服务）开始提供BaaS服务。AWS正式发布AWS区块链模板，该服务旨在让开发者更轻松地搭建基于以太坊和Hyperledger Fabric的区块链。

此后，AWS还提供了两种BaaS产品：①亚马逊量子账本数据库（Amazon Quantum Ledger Database，QLDB），旨在提供透明的、不可变的、加密的、可验证的交易日志，信息更改都会被记录在区块链上，适用于想享受基于区块链数据存储的优势，但又不想自己搭建或管理区块链的企业和用户。②亚马逊托管区块链（Amazon Managed Blockchain，AMB），允许用户使用Hyperledger Fabric或以太坊创建托管在AWS基础架构上的新区块链，适用于想自己搭建、运行区块链的企业和用户。

2019年2月14日，美国摩根大通宣布计划发行加密货币JPM Coin（摩根币）。JPM Coin是稳定币，与美元一对一挂钩，由摩根大通银行提供担保，技术上使用摩根大通银行基于以太坊开源代码改进开发的Quorum（多数派）联盟链系统。JPM Coin主要用于实现批发支付（银行间或者国家间的大额支付）。

2019年3月14日，Cosmos（宇宙）主网上线。Cosmos为实施验证Tendermint共识的区块链项目，其理念是实现"跨链"。该项目主张未来的互联网不可能由一条公有链承载所有应用，一定是多链、多通证共存的。Cosmos连接作为"信息孤岛"的区块链，将其整合成一个统一的"生态系统"。

Cosmos网络由许多独立的并行区块链组成，网络中第一个区块链是

Cosmos Hub（宇宙枢纽），其他的并行链被称为Zone（地带），通过跨链协议与Hub（枢纽）进行跨链操作。

2019年3月30日，ABT链网公测版上线。这个由ArcBlock搭建的区块链网络是全球第一个以完全去中心化方式连接、"编织"多条区块链形成的网络，采用三维稀疏矩阵的独特设计，所有链都是平行对等的，用去中心化身份技术来实现链与链的互联和通信。ArcBlock、Cosmos和Polkadot都为开发者提供框架，让开发者可按需要搭建各条区块链，并可互联互通、"编织"成网，从而解决现有许多区块链面临的可扩展性问题。

2019年5月13日，微软发布去中心化身份网络早期预览版——身份覆盖网络（Identity Overlay Network，ION），任何人都可以使用这个运行在比特币区块链之上的专用公网创建去中心化身份标识（Decentralized Identifiers，DID），管理其公钥基础设施（Public Key Infrastructure，PKI）状态。ION初步实现了继承比特币完全去中心化属性，且能够满足去中心化身份管理需要的规模和性能要求。

2019年5月20日，ArcBlock推出第一个支持去中心化身份技术的去中心化钱包。这是第一个采用万维网联盟去中心化身份标识（W3C DID）标准的去中心化加密钱包应用，不仅能够让用户将自己的数字身份和数据安全地储存在其个人设备上，而且创造了一系列全新的用户体验：将钱包作为用户ID（Identity Document，身份证标识号），从而让用户安全、方便地登录各种网站应用，例如参加活动、接收证书、签署文件等。

2019年6月18日，全球最大的社交平台脸书（Facebook）发布了其加密货币Libra（天秤座）的项目白皮书。Libra计划通过锚定美元、英镑、日元等法定货币的价格，推出了一款主要用于跨境支付的稳定币，其使命是建立一套简单的、无国界的货币和为数十亿用户服务的金融基础设施。

2019年8月10日,中国人民银行宣布即将发行数字货币。时任中国人民银行支付结算司副司长穆长春在"中国金融四十人论坛"上表示,中国人民银行数字货币(Central Bank Digital Currency,CBDC)即将推出。

2019年11月7日,万维网联盟去中心化身份工作组发布了W3C DID1.0版的第一个公开工作草案。这是万维网联盟于2019年1月开始制定的用户自主身份的数字身份技术标准。

第二节　区块链的概念和特征

一、区块链的概念

区块链这一概念首次出现是在《比特币白皮书》中，但是该白皮书并未对区块链做出精确定义。虽然近年来区块链的价值被逐渐挖掘并应用到加密货币之外的许多领域，但是由于其技术本身不够完善、有很多变体，所以至今依然没有一个确切的定义。

现有的成熟的区块链系统，比如比特币、以太坊等，其顶层应用主要是完成价值交换的功能。因此在狭义上，区块链技术被称为分布式账本技术（Distributed Ledger Technology，DLT），即一种由多方共同维护、使用加密算法保证数据传输和访问安全、数据一致存储、不易篡改、防止抵赖的分布式账本技术。虽然区块链技术被称为分布式账本技术，但其本质只是一种抽象概念，是一种以区块形式组织成的数据库。

如果我们把区块链技术理解成特殊形式的数据库，则可以摆脱区块链技术在金融应用方面的局限性并找到其他适用的领域，凡是需要记录全局性、历史性数据的场景都可以使用区块链技术。因此从广义上说，区块链技术是以数据库作为数据存储载体，以点对点网络作为通信载体，使用加密算法确定所有权和保障隐私，依赖分布式系统共识框架保障一致性，旨在构建价值交换系统的技术。

区块链技术是典型的以"块-链"结构存储数据的技术。作为一种以低成本建立信任的新型计算范式与协作模式，区块链以其独特的信任建立机制，改变了许多行业的应用场景和规则，成为未来发展数字经济、构建信任体系的重要手段之一。

在典型的区块链系统中，各参与方按照事先约定的规则共同存储信息并达成共识。为了防止共识信息被篡改，系统以区块（Block）为单位存储数据，区块之间按照时间顺序、结合加密算法构成链式（Chain）数据结构，通过共识机制选出记录节点，由该节点决定最新区块的数据，其他节点共同参与最新区块数据的验证、存储和维护工作。区块链形成的数据一经确认，就难以删除和更改，只能进行授权查询操作。按照区块链系统是否具有节点准入机制，区块链可分为许可链和非许可链：许可链中节点加入、退出需要区块链系统许可，根据拥有控制权限的主体是否集中可分为联盟链和私有链；非许可链则是完全开放的，也被称为公有链，节点可以随时自由加入和退出。

区块链有三个需要强调之处。

一是区块链不是比特币。区块链是比特币的底层技术架构，比特币是区块链的一个应用。

二是区块链可以降低交易成本。虽然区块链无中心机构认证，简化交易环节，可节省第三方中介认证的成本，但这不代表区块链技术是一种廉价的技术。在区块中写入、保存数据需要成本；区块链技术的设计、开发过程不是之前"山寨币"的模式，需要投入大量的成本。

三是区块链技术目前还在发展阶段。区块链技术还处于发展前期，大多数项目还是实验性质的，我们不能盲目为参与区块链浪潮而搭建区块链。

二、区块链的特征

区块链是一种多方共同维护的分布式数据库，与传统数据库系统相比，主要有以下五个特征。

1.去中心化

传统数据库集中部署在同一集群内，由单一机构管理和维护。区块链技术使用分布式计算和存储技术，不存在中心化的硬件或管理机构，任意节点的权利和义务都是均等的，系统中的数据由整个系统中具有维护功能的节点来共同维护。任一节点停止工作都不会影响系统整体运作。需要注意的是，区块链的去中心化只是弱化了中心，并不是消灭了中心。

以太坊创始人维塔利克·布特林在2017年2月发表的《去中心化的意义》（*The meaning of decentralization*）中详细阐述了去中心化的含义。他认为应该从架构、治理和逻辑三个角度来区分计算机软件的中心化和去中心化。

（1）架构（去）中心化：明确系统由多少物理计算机组成、系统中多少台计算机同时崩溃不影响系统运行。

（2）治理（去）中心化：明确有多少个人或者组织最终控制着组成该系统的计算机。

（3）逻辑（去）中心化：明确系统呈现的接口和数据是否像一个单一的整体。

2.不可篡改

区块链依靠区块间的哈希指针和区块内的默克尔树（Merkle trees）实现了链上数据不可篡改的要求；数据在每个节点的全量存储及运行于节点间的共识机制使得单一节点数据的非法篡改无法影响到全网的其他节点。

信息不可篡改是区块链的信任来源之一，这也是区块链应用最容易被想到和落地的领域。例如将区块链技术应用于溯源，京东建立的"京东区块链防伪溯源平台"、菜鸟网络和天猫国际利用区块链记录跨境进口商品的物流全链信息等。区块链存储的数据不可篡改性也具有两面性，数据唯一、可信任是其核心优势，但是当身处复杂应用体系的时候，数据经常需要修改，如银行密码重置等，这些应用场景的需求特点是不可篡改数据的区块链的劣势。需要注意的是，区块链存储的数据"不可篡改"不等于"不能篡改"，只是篡改成本比较高。在以下三种情况下，区块链存储的数据均可以被篡改。

（1）51%攻击。51%攻击就是在整个网络中有人的算力超过了全网的51%。这会破坏区块链的去中心化，从而导致"双花"等问题。

（2）改变共识机制。改变共识机制指如果之前使用的是PoW机制，可以选择修改使用DPoS（Delegated Proof of Stake，委托权益证明）机制等，但这会使得区块链的可信度降低。

（3）分叉。分叉也就是"复制并修改"，一般会在区块链的底层设计出现错误时，通过分叉修改这些错误。

3.可追溯

区块链上存储着自系统运行以来的所有交易数据，基于这些不可篡改的日志类型数据，技术人员可方便地还原、追溯所有历史操作。这方便了监管机构的审计和监督工作。

4.高可信

区块链是一个具备很高可信度的数据库，参与者无须相互信任、无须可信中介即可点对点直接完成交易。区块链的每笔交易操作都需要发送者进行签名，必须经过全网达成共识之后，才被记录到区块链上。交易一旦写入，任何人都不可篡改、不可否认。

5.高可用

传统分布式数据库采用"主、备模式"来保障系统的高可用性：主数据库运行在高配置的服务器上，备份数据库从主数据库不断同步数据；如果主数据库出现问题，备份数据库就及时切换作为主数据库。这种架构方案配置复杂、维护烦琐且造价昂贵。在区块链系统中，没有主、备节点之分，任何节点都是一个异地多活节点。小部分节点故障不会影响整个系统运行，且这些节点在故障修复后能自动从其他节点同步数据。

第三节　区块链的基本原理

为了便于理解，我们先以比特币为例进行介绍，再阐述区块链运作的基本原理。

一、账本

在介绍比特币系统运作原理之前，我们先来了解其基础结构。对任何金融系统来说，最核心、最基础的数据结构就是记录交易的账本。账本由来已久，目前世界主要使用的记账系统是一种复式记账系统，最早由意大利数学家卢卡·帕乔利制定。复式记账系统记录每一笔账的来源和去向，将对账验证功能引入记账的过程，提升了记账的可靠性。比特币中的账本也是一种可以对账验证的账本。与物理账本类似，比特币账本可以划分为不同的粒度，交易信息、区块、区块链（这里是指狭义的区块链，仅表示一种数据结构）分别对应物理账本中的一条记录、包含多条记录的一个账页、包含多个账页的完整账本。

1.交易

比特币系统中的交易记录与物理账本中的交易记录类似，每条交易记录需要记录输入、输出地址以及转让的数据，简单来说就是类似账户A向账户B转移多少比特币的记录。比特币中交易的"输入"源于"未被使用的交易输出"（Unspent Transaction Output，UTXO）。该概念不同于用户的余额。UTXO是不可再分割的、参与交易的基本单位。UTXO本身不能被拆分，但是可以通过调整"输入""输出"完成指定交易。如果UTXO小于目标值，可以添加多个UTXO作为输入；如果UTXO大于目标值，可以添加自己的地址作为找零输出，完成交易。每笔交易都会消耗已有的UTXO，并产生新的UTXO，价值转移就是通过UTXO的变化完成的，如图1-5所示。

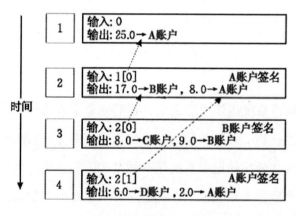

图1-5 UTXO的变化过程

UTXO的生成和使用是由加密算法中数字签名保障的，当产生UTXO时，需要使用锁定脚本将比特币锁定到指定的账户地址中。在使用UTXO时，需要使用有正确签名（使用用户私钥）的解锁脚本才能解锁指定地址中的比特币。

比特币中脚本语言是一种逆波兰表示的堆栈执行语言，用于计算的栈结构提供的功能十分有限，通常不提供循环或者其他复杂控制流，这种设计能防止恶意控制流攻击。脚本执行的结果通常是可以被预见的，并不因执行者身份不同、执行地点不同或者其他原因而改变，因此在一定程度上保证了交易的客观性和正确性。

2.区块和区块链

比特币账本中的区块可类比物理账本中的账页，区块记录一段时间内的交易信息，由一个包含元数据的区块头和许多条交易记录组成。区块头包含了很多数据，如父区块的哈希值（Hash）、时间戳、默克尔（Merkle）树根（用于有效总结区块中所有交易的数据结构）和区块高度等。区块头可连接前一个区块，使得区块中的每笔交易都是可追溯、有据可查的。通过区块头的哈希值和区块高度可以区分不同的区块。区块的哈希值能够唯一标识区块。将这些区块根据区块头中的哈希指针连接成一个链，就是一个完整的账本了，也就是狭义的区块链。区块链的整体结构如图1-6所示。

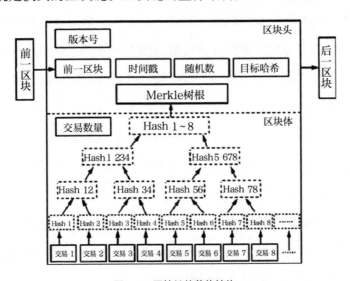

图1-6 区块链的整体结构

二、比特币的运作原理

比特币系统的运作原理就是实现账本的记账过程，该记账过程对用户而言是透明的。在具有中心架构的系统中，账本的记账权由账本的所有者管理，例如商场的记账权由商场控制、银行的记账权由银行控制。然而，在比特币系统中，为达到去中心化的目的，账本的记账权不能集中在单一机构或者某个中心内部，而应将账本的记账权下放到分布式系统的各个节点当中。比特币系统采用分布式系统实现了去中心化的目的。在分布式系统中的哪个节点获得某交易记录的记账权，需要由系统中的每个节点通过竞争来获取。各个节点在竞争的过程中需要付出一定的代价来防止作弊，只有遵守相应的规则才能够获得系统的奖励，整个系统由奖惩机制驱动，可进行良性循环。在比特币系统中，这样的竞争过程被称为"挖矿"，其中的各个节点被称为"矿工"。

在解决了账本记账权的归属问题后，下一步应当考虑的是比特币系统中的节点如何成功实现同步更新交易数据，即在分布式系统中如何确保各个节点中记录交易数据信息的一致性。该问题可以通过共识机制来解决，系统中的各个节点在接收到区块链中新区块的数据时，需要停止当前的"挖矿"工作，对新区块进行数据一致性验证。否则，该节点就无法保证自己之后的工作是基于最长链的，其他节点将不认同该节点"挖出"的区块。

比特币系统中的消息传播方式由其网络结构决定。比特币系统构建的分布式系统是一个松散的系统，系统中的节点以点对点网络连接、通信，并且系统中的节点无须身份验证，因此系统中的节点可以自由参与或退出。

比特币系统的运行机制可简述为如下流程：

（1）用户发起一笔交易，该交易信息以广播的形式发送到区块链系统中的各个节点。

（2）网络中的各个节点在接收到交易信息后会验证该交易信息的有效性和正确性，如果交易信息未验证通过，节点将拒绝接收该交易信息，并将交易信息被拒绝的信息返回给交易的发起者；如果交易信息验证通过，节点会将该交易信息放到自己的交易池中，并继续向网络中传播。

（3）各节点对各自交易池中的交易信息进行打包，并加入随机数进行相应计算。最先计算出符合要求哈希值的节点将获得所打包区块中交易信息的记账权，即创建新区块。随后，该节点会将计算得到的新区块广播到比特币系统中的其他节点。其他节点在收到该区块后，会立即验证该区块的有效性和正确性。

（4）验证成功后，该节点会将收到的新区块加到自己的本地链中，同时会删除原本自己的交易池中所打包的区块，按照上述步骤再进行新一轮的区块生成过程。

比特币系统的运作流程如图1-7所示。

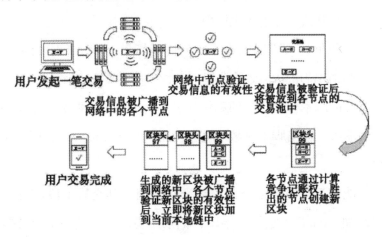

图1-7　比特币系统的运作流程

前面简单介绍了比特币系统中的核心数据结构和基本运作流程，下面我们将抛开比特币的货币属性，介绍区块链技术的工作原理。

三、区块的链接结构

区块链的概念源于比特币，因此最初的区块链系统也大多继承了比特币中的链式结构。但是出于性能、安全性等方面考虑，区块链系统出现了新的链接结构，如树状结构和图状结构。

1.链式结构

在链式结构区块链系统中，核心组件与比特币相似，也可以划分成三个粒度，分别是一条数据记录、包含多条记录的区块、由哈希指针连接的区块链。在链式结构中，除了第一个区块和最后一个区块外，其他区块都只有一个前驱区块和一个后驱区块。在多个"矿工"共同挖矿的过程中，可能出现不同"矿工"在同一个父区块上"挖"出不同子区块的情况，但是最终只会有一个子区块被确认，并进入主链中。

区块中的数据记录可以根据不同的应用场景，涉及不同的字段，如图1-8所示。例如比特币中的交易数据记录，一般需要包含输入、输出、时间戳。输入附带的脚本包含用户的私钥签名，输出附带的脚本使用交易对方的公钥锁定。输入、输出脚本是数字签名机制的具体实现形式，用于保障用户的所有权。

以太坊能够运行更加复杂的智能合约，因此其交易字段的设计更加复杂，可以增加"data"（数据）字段，记录需要调用的代码函数及传入参数等。如果链中记录的是医疗、物联网数据等，则可以为不同时间点需要"上链"的数据。

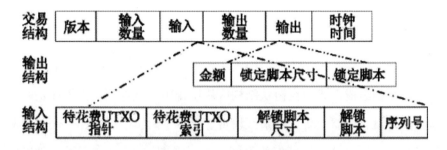

图1-8 比特币中交易的字段

区块由一个包含元数据的区块头和一组数据的数据记录组成。区块对于数据记录的组织主要体现在区块头中的默克尔树根。默克尔树也被称作哈希树,其叶子节点为数据记录,非叶子节点是其对应子节点串联字符串的哈希值。由于默克尔树是通过哈希值组织起来的"树",对于交易记录的任何一点改变都能体现在默克尔树根的值上,因此能够容易地验证数据是否被恶意篡改过。在不同系统中,系统可根据具体需求对默克尔树进行改造。如以太坊中使用默克尔帕特里夏树(Merkle Patircia Tree,MPT)记录系统的状态、交易、收据,因此以太坊区块头中包括"三棵树",分别为状态树、交易树和收据树。

除了默克尔树根的值外,区块头中通常还记录用于表明区块身份的信息(如ID、哈希值等)以及该区块被合理生成的证明。区块被合理生成的证明指的是"矿工"参与共识、竞争记账权付出代价的证明。针对不同共识算法,"矿工"需要提交不同的证明信息,比如在比特币、以太坊系统中,证明信息就是"矿工"多次尝试找到满足某一条件的随机数。一些轻节点在验证数据记录时,只需要区块头的数据即可,无须下载完整的区块。区块头中的父哈希用于连接各个区块，也可以看成是哈希指针。各个区块依次连接，形成区块链。

2.树状结构

树状结构区块系统与链式结构区块系统的区块内容类似，它们的区别主要在于区块的组成形式。在树状结构区块系统中，创世区块为根区块，只有后续区块，没有前驱区块。其余区块可能有多个后续子区块、一个父前驱区块和多个叔前驱区块。树状结构区块系统示意图，如图1-9所示。创世区块为G，A_1、A_2、A_3均为G的子区块；B_1为A_2的子区块，A_2是B_1的父前驱；A_1、A_3为B_1的叔前驱。树状结构区块系统包含了链式结构区块系统中的分支区块，这在一定程度上承认了叔区块的合理性，但是需要设计协议对叔区块进行选择，防止恶意分叉。区块头中除了包含父区块的哈希值，可能还需要包含叔区块的哈希值，从而链接成完整的账本。

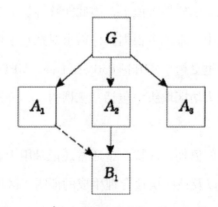

图1-9 树状结构区块系统示意图

树状结构提升了系统对于分叉的包容性，降低孤块率，并在保证诚实节点利益的同时，一定程度上提升了系统的吞吐量。然而，此方案对于系统性能提升较为有限。

3.图状结构

图状结构区块系统的典型代表是基于有向无环图（Directed Acyclic Graph，DAG）设计的区块链账本，如图1-10所示。在图论中，如果一个有向图从任意定点出发，经过若干条边回到该点，则这个图是一个DAG。将DAG应用于区块链的想法最初于2013年在Bitcointalk（比特币谈话）论坛上出现，旨在提高比特币交易处理的可扩展性，后续也不断有学者利用DAG的拓扑结构来改善区块链的效率等。2015年，塞尔吉奥·德米安·勒纳（Sergio Demian Lerner）提出了DAG-Chain（DAG链）的概念，这极大地促进了DAG结构在区块链系统中的应用。后来，埃欧塔（IOTA）和字节雪球（Byteball）等项目出现，使DAG区块链得以真正落地。

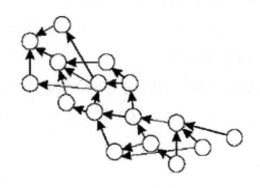

图1-10　有向无环图

图状结构区块系统将交易组织为DAG，摒弃原本链式结构区块系统中的区块设计，将交易信息看作是一个个区块，减少了交易信息打包的过程。每一笔交易直接参与全网排序，由交易信息组成一个有向无环图网络，实现了

"去中心化"区块效果。

相较于之前的链式结构区块系统，图状结构区块系统不需要考虑区块链扩容问题，且处理速度快，在很大程度上提升了区块链网络的效率。此外，因为图状结构区块链系统中"矿工"无须"挖矿"、交易费用为零、交易吞吐量增加，可以避免链式结构区块链系统中的"大型矿池"优势，强化了网络中的去中心化特征。然而，图状结构区块链系统中使用图作为账本，其数据结构复杂度高，对于编码要求较高，需要更大的存储空间管理和备份数据。

四、区块链系统的角色

区块链系统中的角色按照功能可以分为两类：参与节点和维护节点。参与节点为使用系统的客户端节点，该类节点用于与用户交互，用户在客户端节点发起自己的请求，并广播到网络中；维护节点就是维护系统数据记录的节点，该类节点用于验证用户请求、创建区块、生成区块链和保存区块链，是区块链系统中的核心角色。节点间通过点对点网络连接。区块链系统中各类节点之间地位平等，不存在"特殊节点"，各个节点共同运行才能促进整个系统成功运转。

五、区块链的运作流程

区块链的运作流程如下：

（1）当一个节点发起一笔交易时，该节点把交易信息广播到相邻节点。

（2）当一个节点接收到一笔交易信息时，会进行一系列验证，决定是否接受并转发这个交易信息，验证内容如下：

①检查是否存在"双花"的情况；

②检查输出金额是否小于等于输入金额；

③通过对交易信息运行验证脚本，确保脚本的返回值都是"TRUE"（真）；

④检查这笔交易信息是否被该节点接收。

节点会把通过验证的交易信息放入其交易池，并转发该交易信息。

（3）产生区块。产生一个新区块代表对账本的一次状态更新。记账权的归属需要通过共识机制中的节点选取机制决定，比如PoW、PoS等（详见第二章中关于共识机制的内容）。最终拥有记账权的"矿工"将打包交易信息的区块广播出去。

（4）一个节点在接收到一个新区块时，也会进行相应验证，决定是否接受并转发这个区块。

上述流程可以简述为以下六个步骤：客户端发起请求；各个节点将请求在网络中扩散；网络中参与记录的节点验证请求数据；各个节点根据共识算法完成请求并将多个请求信息打包生成区块；节点将新区块广播出去；非区块生成节点验证新区块并更新原有链。

区块链：从技术到应用

第二章

区块链架构与关键技术

本章以使用比特币和以太坊的区块链架构为例，详细描述区块链技术的基础架构、基本原理以及核心技术。比特币和以太坊是两种具有代表性的区块链技术应用，一个是区块链1.0的代表性应用，另一个是区块链2.0的代表性应用。目前其他使用区块链技术的加密货币大都与之相似。因此，比特币和以太坊的基础架构是学习、研究区块链技术的重要实例。

一般说来，区块链基础架构模型包括数据层、网络层、共识层、激励层、合约层和应用层，如图2-1所示。其中，数据层封装了底层数据区块以及相关的链式结构和时间戳等；网络层主要包括分布式组网机制、数据传播机制和数据验证机制；共识层主要封装网络节点的各类共识机制；激励层将经济因素集成到区块链技术体系中来，主要包括经济激励的

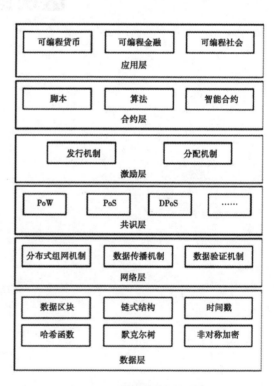

图2-1 区块链基础架构模型

发行机制和分配机制；合约层主要封装各类脚本、算法和智能合约，是区块链可编程特性的基础；应用层则封装了区块链的各种应用场景和案例。在该模型中，基于时间戳的链式区块结构、分布式节点的共识机制、基于共识算力的经济激励和可编程的智能合约是区块链技术最具代表性的创新点。

第一节　数据层

在区块链系统中，底层数据并不是存储在区块链中的数据，这些原始数据需要进一步加工才能被写入区块内。最根本的底层数据是交易记录，其他数据只是为了对交易记录进行封装而产生的。

一、交易数据

交易数据是带有一定格式的交易信息。以比特币为例，一条比特币的交易信息应包含以下字段：4比特（bit）的版本信息，用来明确这笔交易参照的规则；1~9比特的输入计数器，表示被包含的输入数量；变长字节的"输入"，表示一个或多个"交易输入"（地址）；1~9比特的输出计数器，表示被包含的输出数量；变长字节的"输出"，表示一个或多个"交易输出"（地址）；4比特的时钟时间，表示一个UNIX时间戳或区块号。

二、时间戳

时间戳是一个经过加密后形成的凭证文档，可分为"自建时间戳"和"具有法律效力的时间戳"两种。时间戳被用来加在区块头中，确定了区块的写入时间，同时也使区块链具有时序的性质。时间戳可以作为区块数据的存在性证明，有助于形成不可篡改、不可伪造的分布式账本。更为重要的是，时间戳为未来基于区块链技术的互联网应用和大数据应用增加了时间维度，使通过区块数据和时间戳来重现历史成为可能。

三、哈希函数

区块链不会直接保存明文的原始交易记录，只是将原始交易记录经过散列运算，得到一定长度的散列值，然后将这串字母与数字组成的定长字符串记录进区块。比特币使用双SHA-256散列函数，将任意长度的原始交易记录经过两次SHA-256散列运算，得到一串256比特的散列值，以便于存储和查找。

散列函数具有单向性、定时性、定长性和随机性的优点：单向性指由散列值基本无法反推得到原来的输入数据（理论上可以，实际几乎不可能）；定时性指不同长度的数据计算散列值需要的时间基本一样；定长性指输出的散列值都是相同长度的；随机性指两个相似的"输入"却有截然不同的"输出"。同时，SHA-256函数也是比特币使用的算力证明，"矿工"寻找一个随机数，使新区块头的双SHA-256散列值小于或等于一个目标散列值，并且加入难度值，使这个数学问题的平均解决时间为10分钟，也就是大约每10分钟产生一个新的区块。

四、默克尔树

默克尔树是区块链技术的重要组成部分。这是将已经运算为散列值的交易信息按照二叉树形结构组织起来，保存在区块之中。

（1）默克尔树的生成过程，如图2-2所示。首先，区块数据被分组进行散列函数运算；然后，新的散列值被放回，再重新拿出两个数据进行运算，一直递归下去，直到剩下唯一的"默克尔树根"。比特币采用经典的二叉默克尔树，而以太坊采用了改进的默克尔帕特里夏树。

（2）默克尔树的优点包括：良好的可扩展性，不管交易数据怎么样，都可以生成默克尔树；查找算法的时间复杂度很低，从底层溯源查找到默克尔树根来验证一笔交易是否存在或合法，时间复杂度为$O（\log N）$，极大降低了系统运行占用的资源；使轻节点成为可能，轻节点不用保存全部的区块链数据，仅需要保存包含默克尔树根的块头，就可以验证交易的合法性了。

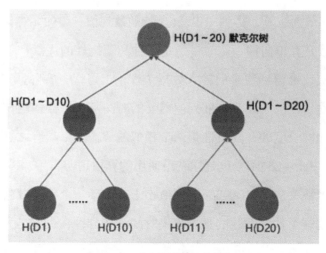

图2-2　默克尔树的生成过程

第二节　网络层

网络层封装了区块链系统的组网方式、数据传播机制和数据验证机制等要素。结合实际应用需求，通过设计特定的数据传播机制和数据验证机制，区块链系统中每一个节点都能参与区块数据的校验和记账过程。仅当通过全网大部分节点验证后，区块数据才能被记入区块链中。

一、组网方式

区块链系统的节点一般具有分布式、自治性、开放可自由进出等特点，因而一般采用点对点网络（也被称为对等式网络）来组织散布在全球的参与数据验证和记账的节点。点对点网络中的每个节点地位均等且以扁平式拓扑结构相互连通和交互，不存在任何中心化的特殊节点和层级结构，每个节点均会承担网络路由、验证区块数据、传播区块数据、发现新节点等功能。

按照节点存储数据量不同，这些节点可以分为全节点和轻节点。全节点保存了从创世区块到当前最新区块为止的完整区块链数据，并通过实时参与区块数据校验和记账来动态更新主链。全节点的优势在于不依赖任何其他节点而能够独立地校验、查询和更新任意区块的数据，劣势则是占据大量数据存储空间。以比特币为例，截至2022年7月，创世区块至当前区块的数据量已经超过420GB（千兆字节）。与之相比，轻节点仅保存一部分区块链数据，并通过简易支付验证方式向其相邻节点请求需要的数据来完成数据校验。

二、数据传播机制

在任何一个区块数据生成后，生成该数据的节点会将区块数据广播到全网其他所有节点来加以验证。现有的区块链系统一般根据实际应用需求设计比特币传播协议的"变种"协议，例如以太坊区块链集成了所谓的"幽灵协议"以解决因区块数据确认速度快而导致的高区块作废率和随之而来的安全性风险。

根据中本聪的设计，比特币系统的交易数据传播过程包括以下步骤：

（1）比特币交易节点将新生成的交易数据向全网所有节点进行广播；

（2）每个节点都将收集到的交易数据存储到一个区块中；

（3）每个节点基于自身算力在区块中找到一个具有足够难度的工作量证明；

（4）当找到区块的工作量证明后，节点就向全网其他所有节点广播此区块；

（5）仅当包含在区块中的所有交易数据都是有效的且之前未存在过时，其他节点才认同该区块的有效性；

（6）其他节点接受该数据区块，并在该区块的末尾制造新的区块以延长该链条，而将被接受区块的随机哈希值视为先于新区块的随机哈希值。

需要说明的是，如果交易节点是与其他节点无连接的新节点，比特币系统通常会将一组长期稳定运行的"种子节点"推荐给新节点建立连接，或者推荐至少一个节点连接到新节点。此外，在某个节点广播交易数据时，系统并不需要全部节点接收到交易数据，而只要足够多的节点做出响应即可将交易数据整合进入区块账本中。未接收到特定交易数据的节点则可向邻近节点请求下载缺失的交易数据。

三、数据验证机制

点对点网络中的每个节点都时刻监测比特币网络中广播的数据与新区块。节点在接收到邻近节点发来的数据后，将先验证该数据的有效性。如果数据有效，节点就会按照接收顺序为新数据建立存储池，以暂存尚未记入区块的有效数据，同时继续向邻近节点转发该数据；如果数据无效，节点就会立即废弃该数据，从而保证无效数据不会在区块链网络中继续传播。

以比特币为例，比特币的"矿工"会收集和验证点对点网络中广播的尚未确认的交易数据，并对照预定义的标准清单，从数据结构、语法规范性、"输入""输出"和数字签名等各方面校验交易数据的有效性，并将有效交易数据整合到当前区块中。同理，当某个"矿工""挖"到新区块后，其他"矿工"也会按照预定义的标准来校验该区块是否包含足够的工作量证明、时间戳是否有效等，如确认有效，其他"矿工"会将该区块链接到主区块链上，并开始竞争下一个新区块。

区块链数据验证机制如图2-3所示。

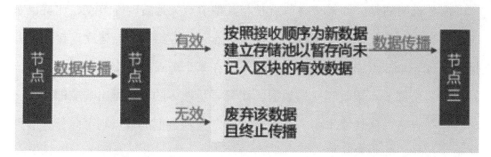

图2-3　区块链数据验证机制

　　由网络层设计机理可见，区块链技术是典型的分布式大数据技术。全网数据同时存储于去中心化系统的所有节点上，即使部分节点失效，只要仍存在一个正常运行的节点，区块链的主链数据就可完全恢复而不会影响后续区块数据记录与更新。这种高度分散化的区块存储模式与云存储模式的区别在于，后者是基于中心化结构基础上的多重存储和多重数据备份模式，即"多中心化"模式；前者是完全"去中心化"的存储模式，具有更高的数据安全性。

第三节　共识层

一、从中心化到去中心化

　　价值交换一直是互联网分布式系统运作机制的重要基础，它的具体形态随着技术进步而发生变化，从单纯的物物交换、产权更迭到服务交换、信息交换等。在信息技术蓬勃发展的今天，它已经成为人类生产活动的主要部分。因为网络的隐私性，交易者有时会在交易中使用欺骗手段来进行恶意掠夺，所以为了有效地见证、监督和维护系统正常运行，一个可靠的第三方（例如电商平台、云服务平台）是非常重要的。

　　随着业务规模不断发展，第三方的信誉会快速累积，它们的身份从初期的见证者，到后来的监督者、维护者、决策者。最终，它们成为价值交换的主体和价值交换体系的核心，而实际的交易者只能被动地接受第三方制定的规则。同时，由于大数据技术发展，大量数据所包含的知识法则被提炼出来，从而被用来创造新的价值。但是，在价值交换体系中，大量交易数据被中心化的第三方垄断，而实际的交易者不能获得和使用这些数据。以上问题制约着目前的价值交易体系和众多"互联网+"行业的发展。因此，削弱第三方集权的呼声越来越高。

这里讨论的"中心化"指逻辑上的中心化，即分布式系统中存在作为权力中心的节点，这些节点在物理形式上可能运行在一台或多台设备上。与"中心化"对应的则是"去中心化"，即将见证、监督和决策等权力平等下放给系统中真正参与价值交换的节点。

区块链系统通过对见证人身份进行重新选择，使其不再局限于单一的身份实体，而是由多个节点参与见证、监督和决策，系统中的数据由这些节点生成和维护，从而实现了去中心化。根据需求，系统中可以存在功能不同的节点（如比特币系统中的全节点和轻节点），但是不存在享有特权的节点。

区块链是一个由许多节点组成的分布式系统，这些节点无论是在物理上还是在逻辑上，都处于分布状态。分布式系统包含的内容十分广泛，其表达方式和特性在不同的应用环境中也会略有差异。与大多数传统的分布式系统应用不同，区块链系统有两个特点：一是通常面向开放的网络环境；二是节点无须信任基础或只需要较弱的信任基础。因此，区块链系统为达成共识，对外显示一致，需要严格的共识机制。

如何在分布式系统中高效达成共识是分布式计算领域的重要研究问题。

1980年，莱斯利·兰伯特（Leslie Lamport）等人提出了分布式计算领域的共识问题。共识问题的定义主要包括三个方面：终止性、一致性和有效性，终止性是系统内各个节点最终能够在有限的时间内达成一致的保证；一致性和有效性是安全性的保证。埃里克·布鲁尔（Eric Brewer）在后续研究中提出"CAP理论"，"任何基于网络的数据共享系统，都最多拥有以下三个特点中的两个：一致性（Consistency）、可用性（Availability）和分区容忍性（Partition tolerance）"，如图2-4所示。分布式网络已经拥有了分区容忍性，因此只能在一致性和可用性中选择其一。如何在一致性和可用性之间进行平衡，在不影响实际使用体验的前提下还能保证相对可靠的一致性，是研究共识机制的目标。

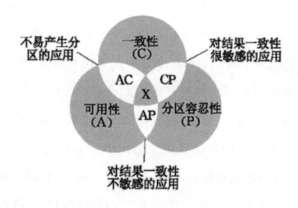

图2-4　CAP理论

二、区块链共识协议

在区块链系统中，区块链共识协议确定了一组每个节点必须遵守的规则，最终保证分布式系统中各节点区块链数据备份的一致性。作为区块链系统的核心组件，共识协议同时决定了区块链系统的性能及安全性。例如，比特币系统采用概率性共识协议，为了保证区块在大规模分布式系统中广泛传播，比特币系统将区块大小限制为1MB（兆字节），区块间隔设置为10分钟，每条交易信息约为250字节，因此比特币系统理论上每秒只能处理约7笔交易[（1×1 024×1 024÷250）÷（10×60）≈7]。当交易量上升时，比特币系统堵塞现象时有发生。此外，对于安全性要求较高的大额交易，比特币官方客户端Bitcoin Core（比特币核心）推荐用户等待随后6个区块确认（约需要1小时），使其具有更高的安全性。

　　传统共识算法一般被称为分布式一致性算法，主要面向分布式数据库操作且大多不考虑拜占庭容错问题，这些算法包括Paxos（帕克索斯）算法、ZAB（Zookeeper Atomic Broadcast，原子广播协议）算法、Kafka（卡夫卡）算法等。区块链共识协议属于拜占庭容错（Byzantine Fault Tolerant，BFT）协议，保证区块链网络中诚实节点在恶意节点干扰下也能达成共识。在分布式系统中，依据系统对故障组件的容错能力，共识协议分为崩溃容错（Crash Fault Tolerant，CFT）协议和拜占庭容错协议两大类。CFT协议保证系统在组件"宕机"的情况下也能达成共识，适用于中心化的分布式数据集群，例如谷歌（Google）分布式锁服务（Chubby）、Paxos协议等。BFT协议由莱斯利·兰伯特在1982年提出，保证分布式系统在故障组件干扰下依然可以达成一致。由于区块链网络的开放性，区块链共识协议需要抵御恶意节点干扰，因此属于BFT协议。

　　按节点准入机制，区块链系统分为非许可链（Permissionless Blockchain）系统和许可链（Permissioned Blockchain）系统两类。非许可链系统中没有许可机构对节点进行身份审查，节点以匿名形式任意加入或退出系统，因此非许可链又被称为公有链（Public Blockchain）。基于这种开放性质，非许可链系统规模通常较大，可能有上万个共识节点。许可链系统中的节点需要通过中心机构的准入审查程序，获得授权后才能加入系统。因此，许可链系统规模往往较小，节点数通常为几十到几百。针对不同应用场景，许可链可分为联盟链（Consortium Blockchain）和私有链（Private Blockchain）。联盟链通常由具有相同行业背景的多家不同机构组成，共识节点来自联盟内各个机构，区块链数据在联盟机构内部共享。私有链通常部署在单个机构内部，共识节点来自机构内部，类似传统的分布式数据集群。由于区块链共识协议的相关研究主要针对非许可链，因此本章中主要介绍非许可链共识协议，同时也介绍一些典型的许可链共识协议。

　　非许可链和许可链的特征比较，如表2-1所示。针对准入机制，非许可链共识协议允许节点自由准入，许可链共识协议要求节点审查准入。基于此特性，非许可链一般应用于公有链的场景，而许可链应用于联盟链、私有链的场景。据上所述，非许可链共识协议一般具有较大的网络规模，许可链共识协议的网络规模相对较小。在通常情况下，分布式系统网络规模越大，达成共识的难度就越高，因而非许可链的吞吐量通常较低，许可链的吞吐量较高。在一致性方面，非许可链共识协议通常以一定概率确保数据一致，可实现弱一致性；许可链通常采用确定性方式确保数据一致，可实现强一致性。具体而言，非许可链完全开放，需要抵御较高的拜占庭容错风险，多采用PoX（Proof of X，某项证明）、BFT类协议并配合奖惩机制实现共识。许可链拥有准入机制，网络中节点身份可知，这在一定程度降低了拜占庭容错风险，因此可采用BFT类协议、CFT类协议构建相同的信任模型。

表2-1　非许可链和许可链的特征比较

特征	非许可链	许可链
应用场景	公有链	联盟链、私有链
准入机制	自由准入	审查准入
网络规模	大	小
吞吐量	低	高
一致性	弱	强

总体而言，区块链网络运行的过程，如图2-5所示。第一步，用户使用区块链客户端发起一笔新的交易；第二步，交易信息在点对点网络中进行广播，节点验证交易格式和内容，若无误，则加入本地交易池中并广播给其他节点；第三步，系统根据共识协议在网络中的节点选举产生一个或者一组记账节点；第四步，记账节点负责将新的交易打包生成区块，并在区块生成后将区块分发给网络中其他节点进行验证；第五步，验证通过后的区块被更新到区块链上，形成一条最新的区块链，若在同一高度出现多个区块，则根据共识协议选取合适的区块融入主链，使区块链数据达成一致。

通过上述过程可以看出，共识算法在其中承担了选举记账节点、生成区块和达成主链的功能。这可以被简单划分为两个步骤：选举区块产生节点和选举区块入链。选举区块产生节点被称为"节点选举"，选举区块入链被称为"主链选举"，前者用于生成新区块，后者则使区块链数据达成一致。

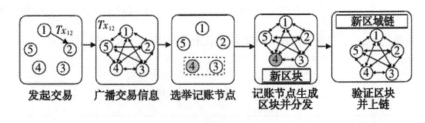

图2-5　区块链网络运行过程

2022年9月15日14:42:42，以太坊在区块高度15 537 393触发合并机制，并产出首个PoS区块，高度为15 537 394。这标志着以太坊2.0启动，以太坊共识机制正式从PoW转为了PoS，如图2-6所示。这就是以太坊的"The merge"（合并）事件。

图 2-6　以太坊启用PoS共识机制

以太坊从PoW转向PoS，经历了一个长期的过程。早在2013年，维塔利克·布特林便在《以太坊白皮书》中提到了向PoS共识机制转变的可能性。2017年，以太坊正式公布了PoS的方案《友善终结卡斯帕的小工具》(*Casper the Friendly Finality Gadget*)，标志着以太坊合并的事项被提上日程。2020年12月，以太坊信标链正式推出，宣告了以太坊合并计划正式启动。2022年4月23日，以太坊进行了主网第二次"影子分叉"。2022年5月5日到7月5日，以太坊进行了主网第三次到第八次的"影子分叉"。2022年8月4日，以太坊信标链测试网Prater（普拉特）已完成共识层上的网络升级流程。2022年9月6日，以太坊信标链Bellatrix（贝拉特里克斯）升级流程激活。2022年9月10日，以太坊进行正式合并前最后一次"影子分叉"。2022年9月15日，以太坊完成最终合并，以太坊2.0正式启动。

相对于PoW共识机制，PoS共识机制有着如下的优势：节能，不需要浪费算力；51%攻击的代价更高；为后面的技术升级提供更多可能性等。但以太坊升级为PoS共识机制最重要的原因还是为了迎合"碳中和"。使用PoW共识机制进行"挖矿"，以太坊1.0的能耗约为112太瓦时/年，二氧化碳排放量与新加坡整个国家的排放量相当。考虑到环保、可持续发展等因素，"The merge"是"大势所趋"。

三、节点选举机制

区块链共识协议中节点获取记账权的机制与传统分布式协议中的领导人选举（Leader Election）问题类似。该问题于1977年由杰拉德·勒·朗（Gérard Le Lann）正式提出，指分布式系统中采用某种机制选出一个"领导人节点"，该节点负责发起提案并发送给其他节点，其他节点基于提案更新数据，以此提升分布式系统的运行效率。领导人选举问题的思想应用于随后一系列分布式系统共识协议的研究工作中。在这些研究工作中，"领导人节点"的生命周期较长，通常持续到节点"宕机"，因此其也被称为"强领导人节点"。区块链系统的记账节点负责发起区块提案并发送给其他节点，以此完成区块链数据更新，因此记账节点选举机制类似领导人选举问题。不同的是，区块链共识协议的记账节点选举机制需要抵御开放网络环境中的恶意节点。通过在点对点网络中伪造大量虚拟节点，恶意节点可以发起女巫攻击[1]，从而控制区块链系统。为了解决这一问题，区块链系统在记账节点选举环节通常采用"身份定价"机制，例如工作量证明、权益证明等。

---

① 女巫攻击是指一个实体攻击者通过操控或模仿多个虚拟身份进行欺骗和伪装，从而对系统进行攻击。

四、工作量证明机制

比特币基于难题形式实现工作量证明机制。如定义1所示，比特币节点寻找满足条件的Nonce（Number once，一个只被使用一次的任意或非重复的随机数）值，使区块哈希值不超过目标难度值D。解决该工作量证明难题的节点将成为记账节点，负责发起区块提案。

定义1（比特币工作量证明难题）：给定全网统一的难度值D、区块元数据（blockData），寻找满足条件的Nonce值，使根据哈希函数SHA-256计算得到的区块哈希值（blockHash）不超过目标难度值D：

$$blockHash=Hash（blockData，Nonce）\leqslant D$$

由于哈希算法具备的输入"敏感"和"抗碰撞"特点，节点唯有不断调整输入值（Nonce值、交易数据等）以寻找满足条件的Nonce值。因此，节点解决难题从而成为记账节点的概率与其可用的计算资源成正比。计算资源的投入量可被视为一种身份定价机制，即便攻击者伪造大量虚拟身份，也无法提升计算资源，从而增加成为记账节点的优势。因此，工作量证明难题解决了分布式系统中的女巫攻击问题。此外，由于哈希算法具备"正向快速"和"逆向困难"的特点，验证节点可利用记账节点寻找的解快速验证正确性。因此，工作量证明难题解决了匿名分布式网络中的可公开验证问题。

作为首个区块链系统，比特币系统所采用的工作量证明机制被应用到大量区块链共识协议研究及新的区块链系统中。随着区块链研究工作推进，研究人员逐渐发现比特币工作量证明机制的问题及其解决方案，如表2-2所示。

表2-2　比特币工作量证明机制的问题及其解决方案

问题	解决方案	示例
算力中心化	内存密集型哈希函数	莱特币、狗狗币、以太坊、大零币、小零币
	外包困难难题	重新设计比特币PoW难题
	智能合约"矿池"	智能池（SmartPool）
资源浪费	提供有用服务	素数币、有用工作证明
	其他特定能力证明	权益证明机制、空间证明、权威证明、信誉证明
性能	缩短区块间隔	莱特币、狗狗币、以太坊
	微块	Bitcoin-NG（下一代比特币）、Byzcoin（拜占庭币）

1.算力中心化

比特币的工作量证明机制（PoW）具有计算密集的特点，容易导致网络算力中心化。在《比特币白皮书》中，中本聪提出了"一处理器一票"（one-CPU-one-vote）的概念。在中本聪的设想中，节点使用个人计算机即可进行PoW运算，参与记账节点选举，并获得相应报酬。然而，随着比特币价格上涨，记账节点获得的区块奖励吸引了大量设备加入，比特币网络中的哈希算力呈指数级增长趋势。共识节点参与PoW运算的物理设备从早期的个人计算机转换为以GPU（Graphics Processing Unit，图形处理器）为核心的显卡，再演变为目前广泛使用的专用集成电路（Application-Specific Integrated Circuits，ASIC）"矿机"。

因为比特币PoW具备计算资源可聚集和可外包的特点，大多数节点选择加入"矿池"以保证收入的稳定性。随着计算资源聚集，比特币网络出现多个大型"矿池"。"矿池"由"矿池"管理员和"矿工"构成。如定义2所示，

"矿池"管理员将计算子任务下发给"矿工",子任务难度值d远低于全网统一难度值D。"矿工"找到子任务难题的解后,提交给"矿池"。由于部分子任务难题的解也是定义1中比特币PoW难题的解,"矿池"将获得区块奖励,并根据"矿工"提交的子任务解数量分配报酬。"矿池"子任务难题的制度保证"矿工"收入的稳定性。算力中心化会带来一系列的安全问题,例如发动"双花"攻击、"自私挖矿"攻击等。

定义2("矿工"工作量证明难题):给定难度值d($d \ll D$)、区块元数据(blockData),寻找满足条件的Nonce值,使根据哈希函数SHA-256计算得到的区块哈希值(blockHash)不超过目标难度值d:

$$blockHash = Hash(blockData, Nonce) \leqslant d$$

针对比特币PoW算力中心化问题,一些研究人员和区块链系统提出了改进措施,包括替换SHA-256哈希函数、设计外包困难的PoW难题、去中心化"矿池"等。针对SHA-256哈希函数计算密集的特点,一些区块链系统选择用内存密集型哈希函数替代原有函数。例如,莱特币(Litecoin)和狗狗币(Dogecoin)采用Scrypt(显卡"矿机"算力及"挖矿"软件对比表)算法,以太坊采用Ethash(以太哈希)算法,大零币(ZeroCash)和小零币(ZeroCoin)采用Equihash(等值哈希)算法。内存密集型哈希函数的计算需要占用大量内存,难以并行计算,能在一定程度上降低ASIC"矿机"的算力优势。针对比特币PoW难题可外包的特点,研究人员修改难题形式使其难以被外包,达到区块链系统去中心化的目标。例如,重新设计比特币PoW难题,使"矿池"管理者将计算任务分发给"矿工"后,"矿工"可修改计算任务中获取奖励的地址,并不被"矿池"管理者发现。实现了基于智能合约的去中心化"矿池"SmartPool,"矿池"可自动执行子任务难题分发与确认工作，替代"矿池"管理员，"矿工"在获得稳定收入的前提下，共同维护SmartPool，从而保持算力去中心化。

2.资源浪费

比特币工作量证明机制导致的算力资源浪费问题一直被广为诟病。从2016年开始，比特币网络的哈希率（哈希/秒）呈指数级增长。截至2022年7月，比特币网络的哈希率达到百亿亿次哈希/秒。根据现有文献估计，比特币网络年用电量与爱尔兰或奥地利年用电量相当。

为了解决资源浪费问题，现有的研究工作和区块链系统主要提供了两种改进措施：提供有用服务和其他特定能力证明。一些区块链系统利用PoW计算过程中消耗的算力提供有用服务。例如，素数币（Primecoin）将PoW难题改进为寻找符合要求的素数，供公众使用，进而促进相关数学领域发展。素数币PoW难题的解包括三种形式的素数：第1类坎宁安链（Cunningham chain of first kind）、第2类坎宁安链（Cunningham chain of second kind）和孪生素数链（bi-twin chain）。有用工作证明（Proof of Useful Work，PoUW）提出了基于广泛计算问题的PoW难题，解决正交向量、最短路径等问题。

除了利用算力提供有用的服务以外，大量共识协议利用其他特定能力证明，如权益证明（PoS）、空间证明（Proof of Space，PoSp）、存储证明（Proof of Storage，PoSt）、权威证明（Proof of Authority，PoAu）、信誉证明（Proof of Reputation，PoR）来替代工作量证明。在这些特定能力证明中，节点成为记账节点的概率分别与其拥有的某种稀缺资源，如权益（加密货币数量）、内存或硬盘存储空间、权威、信誉相关，与算力无关。例如，空间证明用内存消耗型难题替代PoW算力难题。PoAu与PoR思想类似，只有具有较高权威或信誉的节点才能成为记账节点，由于区块带有节点签名，节点被检测到作恶后会丧失记账资格。因此，PoAu与PoR只能用于具有准入机制的许可链系统中，无法用于非许可链系统。在这些特定能力证明中，权益证明被广泛研究与应用，因此后文将详细讨论权益证明机制。

3.性能

比特币工作量证明机制是算力竞争型的记账节点选举机制，限制了记账环节性能提升。如前所述，由于比特币系统平均区块间隔为10分钟，区块大小限制为1MB，因此理论上交易吞吐量约每秒7笔交易。低吞吐量限制了比特币系统的广泛应用。随着比特币系统关注度上升，网络中未确认交易数增多，性能问题成为比特币系统PoW亟待解决的问题。

针对比特币系统PoW的低性能问题，一些区块链系统通过修改参数和改进记账节点选举机制来提升效率。例如，以太坊、莱特币、狗狗币的系统分别将比特币PoW机制中的区块间隔调整为15秒、20秒和1分钟，以加快交易处理速度。缩短区块间隔看起来是改善性能的可行方案，然而一些研究人员发现，缩短区块间隔存在安全隐患。足够长的区块间隔保证区块数据在点对点网络中广泛传播，缩短区块间隔会削弱系统的安全性。例如，当攻击者掌握30%的系统算力时，为了达到和比特币系统同等程度的安全性，以太坊、莱特币、狗狗币系统需要分别等待至少37个、28个、47个区块长度确认。

除以上工作外，Bitcoin-NG通过修改比特币的记账节点选举机制提升交易性能。Bitcoin-NG将区块分为关键块（key block）和微块（micro block）两类：关键块包含比特币PoW难题的解，体现记账节点的工作量证明；微块包含关键块对应的记账节点签名，但不包含难题的解，不体现工作量证明。节点生成关键块后，负责在随后的区块间隔时间内将交易信息打包进微块并签名。通过验证节点签名，其他节点判断微块的合法性。通过在区块间隔连续产生微块，Bitcoin-NG实现了在记账节点选举环节加快交易处理速度。关键块和微块的概念随后也在Byzcoin中得到应用。

4.总结

工作量证明机制广泛应用于区块链共识协议的记账节点选举环节。针对算力中心化、资源浪费、低性能等问题，一些研究人员和区块链系统针对工作量证明机制进行改进，其中包括了部分可行性研究。

首先，工作量证明的改进工作多以白皮书的形式提出，缺乏理论及实验数据支撑。例如，以太坊系统等白皮书大多从概念层面进行论述，没有相关实验数据支撑，也没有安全证明。

其次，众多的工作量证明改进机制之间缺乏相互比较，无法判读其优劣势。例如，包括Scrypt、Ethash、Equihash在内的众多内存密集型哈希函数没有相互比较，尚不清楚这些算法针对算力中心化问题的改进程度。值得注意的是，目前已出现针对以上内存密集型哈希函数的专用"矿机"。

最后，由于分布式系统的各方面复杂因素，对协议进行参数调整需要严格的安全证明。例如，莱特币等调整参数的改进方案看似可行，但被证明存在安全隐患，最终没能达到预期的效果。

五、 权益证明机制

针对工作量证明机制的资源浪费问题，比特币社区在2011年首次提出了权益证明机制，根据节点掌握的比特币数量而不是算力作为权重选举记账节点。权益证明机制的安全性基于权益拥有者比"矿工"更有动力维护网络安全的假设，当区块链系统遭到攻击，权益拥有者自身利益更容易受损。2012年，权益证明机制首次在点点币（Peercoin）系统中得到应用。点点币以权益作为选举权重，提出了权益证明难题，如定义3所示。

定义3（点点币权益证明难题）：给定全网统一的难度值D、区块元数据（blockData），寻找满足条件的时间戳（timeStamp），使根据哈希函数SHA-256计算得到的区块哈希值（blockHash）不超过目标难度值。目标难度值为全网统一难度值D和币龄（coinDay）的乘积。币龄是节点持有权益（节点持有的加密货币数量，coin）与持有时间（day）的乘积：

$$blockHash=Hash（blockData，timeStamp）\leqslant D \times coinDay$$

与比特币工作量证明难题相比，点点币权益证明难题主要有两处不同：哈希运算中移除随机数Nonce、引入币龄调整难题的难度值。由于移除随机数Nonce，点点币权益证明难题减轻了工作量证明难题算力竞争问题。在给定元数据的情况下，共识节点在求解点点币权益证明难题中，可尝试的只有时间戳变量。由于点点币采用以秒计数的UNIX时间戳，节点在求解难题时可以尝试的空间有限。因此，点点币权益证明难题大大缩小了工作量证明难题的计算尝试空间，减缓了算力竞赛带来的资源浪费问题。

点点币以币龄作为权重，实现根据权益选举记账节点的目标，币龄的概念随后在披风币（Cloakcoin）和新星币（Novacoin）中也得到应用。币龄是用户权益和持有时间的乘积，假设用户A拥有10个点点币并持有90天，累计为900币龄；用户B拥有10个点点币并持有45天，累计为450币龄。根据点点币权益证明难题，用户A解决难题的可能性就是用户B的两倍。

点点币权益证明难题创新性地使用币龄概念衡量权益，使持有较多加密货币并活跃的节点更积极参与系统运行，但也存在不足。不活跃节点可能通过长期持有权益累积大量币龄，提高自己成为记账节点的可能性，从而等待发动攻击的时机。针对这一问题，未来币和黑币在权益证明难题中以权益替代币龄；维理币使用类似币龄的权益时间（Stake Time），节点离线后权益时间会逐渐减少；活动证明（Proof of Activity，PoA）将权益证明与工作量证明结合，使得只有在线的活跃节点才能获得"挖矿"的收益和交易费。这些方法都在一定程度上改进了点点币系统中不活跃节点带来的问题。

1.基于随机函数的权益证明

以上所述的权益证明机制在一定程度上缓解了工作量证明机制的算力浪费问题，但采用的仍是基于难题求解的竞争性选举机制。为了进一步解决算力浪费问题、提高记账节点选举效率，随后的大量研究工作采用基于随机函数的权益证明机制。这类机制采用以权益作为权重的随机算法确定记账节点，其他节点可通过随机算法验证记账节点身份的正确性。由于不再利用算力竞争成为记账节点，基于随机函数的权益证明属于非竞争性选举机制。

活动证明、活动链（Chains of Activity，CoA）和共识算法Ouroboros（衔尾蛇）利用follow-the-satoshi（追随中本聪）算法随机选举记账节点。聪（satoshi）是比特币的最小货币单位，follow-the-satoshi算法将零和比特币发行总量（以聪为单位）间的一个随机数作为"输入"，通过追溯区块数据，找到目前持有该数对应的比特币的节点，该节点即成为记账节点。假设用户A持有10个比特币，用户B持有5个比特币，用户A被follow-the-satoshi算法选中的概率是用户B的两倍。因此，follow-the-satoshi算法实现了根据权益进行记账节点选举。

PoA、CoA和Ouroboros采用不同方式更新follow-the-satoshi算法的随机种

子[①]。PoA中的记账节点需要先生成满足PoW的空区块（不包含交易，只包含区块元数据的空区块）哈希值，将该哈希值作为随机算法输入，选出一组背书节点。记账节点搜集一定数量背书节点签名后才能打包交易、生成合法区块。因此，PoA的记账节点选举机制实质是PoW和PoS的结合，PoW区块哈希值的不可预测性保证了PoS选举结果的不可预测性。CoA将当前区块的前N个区块哈希值作为随机算法输入值，选出后N个区块的记账节点。Ouroboros协议基于安全多方计算（Multi-Party Computation，MPC）更新随机种子。Ouroboros协议将多个区块间隔称为一个纪元（epoch），纪元内的记账节点共同组成委员会（committee），委员会节点参与MPC算法，合作更新随机种子。Algorand（阿尔戈兰德）协议基于可验证随机函数（Verifiable Random Function，VRF）进行记账节点选举，各节点利用自己的私钥和全网统一的随机种子作为算法输入值，判断自己是不是本轮的记账节点。若成为记账节点，节点将同时出示算法生成的选举证明，供其他节点验证。前一区块间隔的记账节点利用VRF更新下一间隔的随机种子。

基于随机算法的权益证明机制，如表2-3所示。

表2-3　基于随机算法的权益证明机制

权益证明机制	随机算法	随机种子
活动证明（PoA）	follow-the-satoshi	PoW空区块哈希值
活动链（CoA）	follow-the-satoshi	前N个区块哈希值组合
Ouroboros协议	follow-the-satoshi	安全多方计算更新
Algorand协议	可验证随机函数	可验证随机函数更新

---

① 随机种子是一种以随机数作为对象的以真随机数（种子）为初始条件的随机数。

2.问题及解决方案

在记账节点选举环节，PoS以权益替代算力作为选举权重，解决了算力浪费问题。随着权益证明工作推进，研究人员发现PoS也存在一些问题，主要包括粉碎攻击（Grinding Attack）、无权益攻击（Nothing at Stake Attak）和远程攻击（Long Range Attak）。权益证明机制的问题及其解决方案，如表2-4所示。

表2-4　权益证明机制的问题及其解决方案

问题	描述	解决方案
粉碎攻击	节点尝试随机参数， 提高被选中为记账节点的概率	参数不可尝试； 随机种子不直接依赖区块信息
无权益攻击	节点在多个分叉块后产生区块	保证金制度；安全硬件
远程攻击	节点从某一高度区块分叉	检查点机制；密钥演进加密技术

（1）粉碎攻击指节点通过尝试随机参数，提高成为记账节点概率的一类攻击形式。例如，攻击者通过尝试点点币权益证明难题中的时间戳和拥有的多个账户币龄，提高成为记账节点的概率。与点点币类似，未来币中也有时间戳尝试和公钥尝试问题。除此以外，基于随机函数的权益证明，攻击者可提前尝试随机种子，提高随后被选中为记账节点的概率。由于随机种子基于以前的区块哈希值，CoA可能会遭到粉碎攻击。

粉碎攻击的解决方案主要包括参数不可尝试以及随机种子限制：前者指权益证明难题中不包括可尝试参数；后者指随机种子尽量不依赖区块本身信息，否则存在随机算法偏向某一节点的可能性。例如，Ouroboros和其第2个版本Ouroboros Praos利用多方安全计算产生随机算法种子，既解决了可尝试参数问题，又保证随机种子与区块信息无关。

（2）无权益攻击指被选中的记账节点在同一高度产生多个区块，导致区块分叉无法解决的问题。无权益攻击是记账节点出于利益最大化考量做出的选择。基于权益证明的区块链系统在高度h处出现分叉，节点A是高度$h+1$的记账节点，由于尚不确定在高度h上被最终确认的区块，节点A选择同时在多个分叉块后产生区块，如图2-7所示。因此，无论最终哪一区块是合法区块，节点A都可获利。

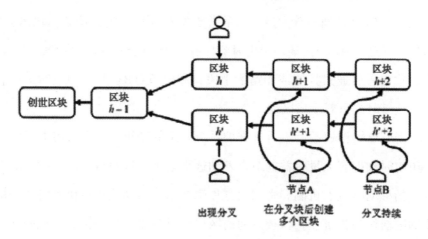

图2-7　无权益攻击示意图

无权益攻击的攻击成本低，记账节点不需要任何代价即可生成多个区块，最终导致多个分叉区块齐头并进，永远无法达成共识。无权益攻击的现有解决方案主要包括保证金制度和安全硬件。保证金制度指共识节点需要在账户中存入一定金额的保证金，若系统监测到某个节点发动无权益攻击问题，系统就会罚没节点的保证金，从经济激励角度解决无权益攻击问题。例如，以太坊的PoS提案Slasher（罚没者）协议和Casper（卡斯帕）协议都引入了保证金制度；Tendermint也引入了保证金机制，且保证金比例和共识票数成正比。除此以外，基于可信执行环境（Trusted Execution Environment，TEE）的安全硬件限制节点在同一高度只能生成一个区块。

（3）远程攻击指攻击者试图从某一高度区块后重新生成后续所有区块，覆盖这一区间区块数据，也被称为历史攻击（History Attack）。由于远程攻击要求攻击者的区块生成速度快于其他节点，因此在理论上只有掌握超过50%权益的攻击者才能发动远程攻击，然而实际上，攻击者可通过控制或贿赂在某一历史时刻拥有大量权益的节点发动远程攻击。例如，攻击者A拥有21%的权益，节点B在某一历史时刻拥有30%的权益，随后将30%权益转让他人，攻击者可通过控制或贿赂的手段，利用节点B在某一历史时刻拥有的权益，从该时刻重新生成区块。

由于节点转移权益后不再有维护系统安全的动机，攻击者可通过贿赂在某一历史时刻拥有大量权益的节点发动远程攻击。针对这一问题的解决方案主要包括移动检查点机制和密钥演进加密技术。移动检查点机制将某一历史高度的区块作为检查点，检查点前的区块不可篡改。移动检查点机制在点点币、未来币、黑币中得到使用：点点币和黑币依赖中心服务器定期发布检查点；未来币不接受720个区块以前的历史区块分叉。除了检查点机制以外，Ouroboros Praos采用密钥演进加密技术解决远程攻击。节点随着时间推移需要不断演变密钥，当攻击者盗取了节点目前的密钥时，由于攻击者不能伪造过去的签名，无法利用节点的历史权益发动远程攻击。

除以上安全问题外，委托权益证明（DPoS）通过投票机制缩小共识节点范围，使PoS在大规模网络中得以高效应用。DPoS中的票数与权益成正比，权益所有者投票选出一部分节点作为候选记账节点，这些节点再利用PoS的随机算法成为记账节点。节点若在给定时间段内未完成记账，将被移出候选记账节点列表。因此，持有权益较少的节点可通过投票维护系统安全，而不必购买专业硬件设备成为共识节点。投票机制还可用于权益所有者修改系统参数，包括交易信息大小、区块间隔、交易费规则等，实现了区块链系统自治。

3.总结

权益证明机制由早期基于难题的竞争性机制，逐渐演变为基于随机函数的非竞争性记账节点选举机制。后者由于安全且高效，是目前权益证明共识协议的重点研究方向。

相比工作量证明机制，采用权益证明机制的区块链系统仍较少。一些区块链系统采用工作量证明和权益证明结合的方式，前期利用工作量证明完成权益初始分配工作，再逐渐过渡到权益证明机制，例如以太坊、点点币等。

六、主链选举

主链选举是指在分布式网络中区块链数据对外达成一致的过程。正如前面提到的，在区块链系统运行流程中，分布式网络中的节点根据节点选举机制成为记账节点、生成新区块并进行广播。因为节点选举机制存在同一高度产生多个区块的可能性，所以节点在本地维护区块形成树状结构的区块树（block tree）。因此，节点需要利用主链选举机制使区块树中最终的区块链数据达成一致。

根据区块数据是否满足最终一致性，主链选举可分为概率性一致和确定性一致：概率性一致表示区块数据以一定概率达成一致，随着时间推移概率逐渐提高，无法确保区块数据将来不可更改，这种一致性也被称为弱一致性；确定性一致表示一旦区块数据达成一致便不可更改，又被称为强一致性。

七、最长链规则

非许可链系统广泛使用达成概率性共识的主链选取规则。由于非许可链网络规模较大，消息传输时间长、传输成本高，因此通常采用一轮广播即可达成共识的主链选取规则。基于这类规则，选举记账并生成新区块的节点将生成的新区块广播给其他节点，节点使用主链选取规则从本地区块树中确定主链区块，各节点的主链区块随着时间推移接近一致。

最长链规则在《比特币白皮书》中首次被提出，是指选取区块树中的最长分支作为主链。由于比特币采用工作量证明机制，最长链累积着最多的工作量证明。根据《比特币白皮书》中"一处理器一票"的理念，最长链可以被看作是分布式网络中大部分节点投票做出的决定。因此，只要大部分算力由诚实节点掌握，分布式网络就可以利用最长链规则对区块数据达成一致。最长链规则是目前应用最广泛的主链选取规则，在很多区块链系统中得到使用。

假设节点的本地区块树如图2-8所示，区块树中最长的分支（虚线分支）将成为主链。交易确认数指交易所在区块的长度，交易未被打包时被称为0次确认（0-confirmation），交易被区块包含被称为1次确认（1-confirmation）。随着区块被后续区块不断连接，确认数不断增加。交易确认数越多，一致性概率越高、安全性越高。在图2-8中，交易3（tx3）为1次确认，交易1（tx1）为2次确认，交易2（tx2）则是5次确认。因此，交易2的安全性高于交易1，交易1的安全性高于交易3。《比特币白皮书》中的分析表明：假设攻击者拥有10%的系统算力，6次确认交易的安全性高于99.9%。为兼顾系统安全性与系统效率，比特币客户端根据交易金额的大小为交易推荐不同确认数，交易金额越大，交易确认数就越多，从而保证交易的安全性。

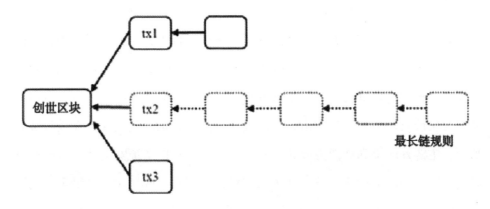

图2-8　最长链规则示意图

最长链规则导致系统性能受到协议参数和网络环境的影响，如区块间隔、区块大小、交易信息大小、网络规模、带宽等。在比特币系统中，当区块大小为1MB、区块间隔为10分钟、交易信息为250字节时，每秒交易吞吐量（Transaction Per Second，TPS）约等于7，比特币系统从2018年1月至今的平均交易确认时延大于10分钟。

八、GHOST 规则

研究人员发现，在交易请求增多时，比特币系统不得不频繁地创建大区块以提高交易吞吐量。大区块将导致区块传输时间延长，使分叉块增多、诚实节点算力分散，因此恶意节点将更容易发动攻击。为了在交易请求增多时依然保证较高安全性，约纳坦·索姆波林斯基（Yonatan Sompolinsky）等人提出了GHOST（Greedy Heaviest-Observed Sub-Tree，最贪婪可观测子树算法）规则作为最长链规则的替代。GHOST规则俗称幽灵协议。

　　图2-9展示了一种网络中出现多个分叉块的情形，当诚实节点的算力被分散时，最长链规则的安全性就降低了。例如，攻击者秘密生成一条私有区块链（黑色链条），当私有区块链长度超过网络中公开的最长链时，攻击者将其发布，根据最长链规则，攻击者的私有区块链将成为主链。攻击者可通过私有区块链发动"双花"攻击，从而破坏区块链系统的安全性。在最长链规则中，主链外区块都被视为分叉块抛弃，不用于维护系统安全性。与最长链规则不同，GHOST规则将分叉块纳入主链选取规则，区块树中"最重子树"的区块将构成主链，又被称为最重链。由于最重链代表网络中的大部分算力，研究者认为：只要诚实节点掌握大多数算力，GHOST规则在网络交易吞吐量高的情况下也能保证安全性。尽管攻击者生成了更长的私有区块链，但由于没有累积足够多的工作量证明，攻击者的私有区块链无法替代GHOST规则选出的最终链。

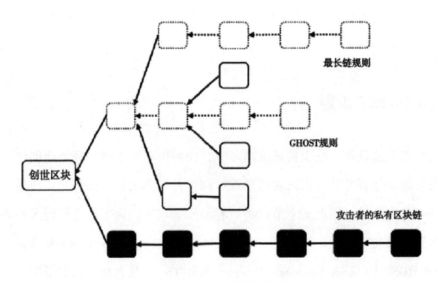

图2-9　GHOST规则示意图

九、包容性协议

包容性协议将GHOST规则与有向无环图（DAG）结合，进一步提高交易吞吐量。包容性协议修改了以比特币为代表的传统区块链数据结构，区块可以指向多个父区块而不是唯一的父区块，新区块将所有没有被指向的区块（叶子区块）作为父区块。因此，包容性协议中区块构成了有向无环图而不是区块树。基于该有向无环图，包容性协议先利用GHOST规则选出主链，遍历主链区块的多个分叉父区块，如果分叉块中的交易和主链交易没有冲突，则分叉块也被纳入主链中。通过利用分叉块记录交易信息，包容性协议进一步提升交易通量，并且对于网络连接差、不能及时广播区块的节点更加友好。

十、Conflux 协议

Conflux（汇流）协议基于有向无环图计算出区块内交易的全局顺序，通过剔除冲突交易信息，使所有分叉块内的交易信息得到利用，从而提升系统吞吐量。Conflux协议的区块间有两类指向关系：父边（parent edge）和引用边（reference edge）。父边指向父区块，每个区块只有一条父边。除父边外，每个区块可以有多条引用边，引用边指向所有目前没有被父边引用的叶子区块，引用边代表时间上的发生在先（happen-before）关系。系统根据Conflux协议利用GHOST规则选出有向无环图中的主链，利用主链和两类指向关系对所有区块进行全局排序，区块内的交易信息也达成全局排序。随后，系统根据Conflux协议从交易信息全局排序中剔除掉重复和冲突的交易信息，对余下的交易信息达成共识。

与包容性协议相比，Conflux协议将共识粒度从区块细化到交易信息，利用交易信息排序算法将所有分叉块里的交易信息利用起来，因而提升了交易吞吐量。

十一、确定性共识

概率性共识在交易延迟与安全性方面存在天然的权衡问题，限制了区块链技术的应用场景。概率性共识的权衡问题源于区块数据的一致性概率随着时间推移逐渐提高，为保证交易安全性，用户不得不等待多个区块确认，这导致明显的交易延时。交易延时问题限制了基于概率性共识的区块链系统的商业应用，因此一些场景采用确定性共识替代概率性共识以确保区块数据的强一致性。在确定性共识中，区块一旦被写入节点本地区块链，就不存在随后被更改的可能性。确定性共识有两个明显优势：第一，用户不用等待较长时间确保交易安全性；第二，由于同一高度仅有一个合法区块，节点不用在分叉区块上浪费计算资源。

拜占庭容错协议用于解决分布式系统中的拜占庭将军问题，在存在恶意节点的情况下达成一致性。拜占庭将军问题由莱斯利·兰伯特在1982年提出，这是分布式系统中正常组件在故障组件干扰下达成一致的抽象描述。

经典的拜占庭容错协议通常面向中心化的分布式集群达成确定一致性，但无法直接应用在区块链系统中。在这些协议中，共识节点数量固定或者变化缓慢，节点之间需要多轮广播通信，复杂度较高。然而，区块链系统中的节点数量是动态变化的，区块链系统（特别是非许可链）的网络规模也不支持节点间多轮广播通信。因此，在区块链系统中使用的拜占庭容许协议需要根据区块链系统特点进行适当的改进。

十二、非许可链拜占庭容错协议

为了在网络规模较大的非许可链系统中达成确定性共识，一些研究人员将拜占庭容错协议和区块链的记账节点选举机制相结合，由此产生了混合协议。混合协议分为记账节点选举和主链共识两个阶段：在记账节点选举阶段，混合协议采用区块链的选举机制，抵御开放网络中的女巫攻击等问题；在主链共识阶段，混合协议通常让多个记账节点构成委员会，运行拜占庭容错协议，对新区块达成一致，委员会成员通常随着时间推移而变化。

Algorand协议是采用权益证明和拜占庭容错协议结合的混合协议。在记账节点选举阶段，Algorand协议利用基于随机函数的权益证明选出一组记账节点，每个节点发起区块提案（block proposal）并广播，各提案附有随机优先级，每个节点只保留优先级最高的区块；随后，节点运行一轮拜占庭一致性协议，将自己接收到的最高优先级区块作为"输入"，对区块达成共识。

Algorand协议分两个阶段达成拜占庭一致性协议：归约（reduction）阶段和二进制一致性（binary agreement）阶段。

归约阶段保证各节点持有相同的最高优先级区块，解决网络传输导致的节点本地最高优先级区块可能不一致的问题。在归约阶段，所有节点广播自己本地最高优先级的区块哈希值；接收到其他节点的区块哈希值后，节点统计每个区块的票数，认定票数最高的区块为最高优先级区块；没有票数最高区块时，节点将空区块作为最高优先级区块。归约阶段达成一致的区块将作为二进制一致性阶段的"输入"。

二进制一致性阶段对归约阶段生成的区块达成确定性共识。在二进制一致性阶段，节点选举环节发起区块提案的节点形成委员会，对归约阶段的区块投票。区块在收到一定数量票数后，就被确认为最终区块。所有节点将该区块更新到本地区块链中，达成确认性共识。由于网络原因，二进制一致性阶段可能会重复多次投票。

当区块间隔为1分钟、区块大小为1 MB、网络规模为5万个节点时，Algorand协议的交易吞吐量为327MB/小时，交易确认时延小于1秒。

Byzcoin采用工作量证明和实用拜占庭容错协议结合的混合协议，如图2-10所示。Byzcoin首先利用工作量证明机制选举记账节点、生成新区块，然后利用实用拜占庭容错协议对新区块达成确定性共识。在记账节点选举阶段，节点利用工作量证明生成新区块并广播。在一个时间间隔（1天或1周，可调整）内生成新区块的节点构成委员会。委员会成员的票数为在该时间间隔内的出块数量，成员利用实用拜占庭容错协议对新区块投票达成共识。记账节点广播新区块，委员会成员验证区块无误后返回签名作为投票，记账节点收集至少三分之二票数后，广播委员会成员签名，证明新区块已经被委员会接收并验证。委员会成员接收到广播信息后，再次返回签名，表示同意将该区块写入区块链中，记账节点收集至少三分之二票数后，再次广播区块，并写入区块链中。至此，共识节点对该区块达成确定性共识。由于通信过程中涉及大量签名和验签操作，为提高效率，Byzcoin引入集体签名技术，可一次同时验证多个签名。当关键块间隔为10分钟、区块大小为32MB、网络规模为144个节点时，Byzcoin的交易吞吐量为974MB/小时，交易确认时延为68秒。

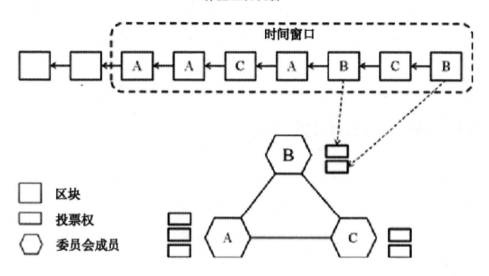

图2-10　Byzcoin混合共识协议

　　不同于Algorand协议和Byzcoin采用的混合协议，Stellar（恒星币）采用联邦拜占庭协议（Federated Byzantine Agreement，FBA）达成共识。Stellar是一个开放的实时跨境支付系统，为了使拜占庭协议支持非许可链中开放成员的需求，引入仲裁系统分片（quorum slice）达成共识。在拜占庭协议中，仲裁系统指可达成共识的一组节点。仲裁系统分片是仲裁系统的子集。Stellar的仲裁系统基于某种标准划分，例如声誉或权益，节点可同时加入多个仲裁系统分片。仲裁系统分片保持交集，以保证达成共识。

　　Stellar达成共识需要经过投票、接收和确认三个阶段。

　　（1）在投票阶段，节点对接收到的交易信息进行投票并广播投票信息。

　　（2）在接收阶段，若一个节点所在的全部仲裁分片有交集的节点都投票给该交易，则节点接收该交易的信息。

（3）在确认阶段，节点间通过消息交互，对接收阶段的交易信息达成最终共识。仲裁分片互相影响，最终保证所有诚实节点对交易信息达成确定性共识。

十三、许可链拜占庭容错协议

如上所述，许可链根据应用场景不同可分为联盟链和私有链，其中企业级联盟链是目前应用最广的许可链系统。由于网络规模限制、共识一致性要求高，许可链更适合采用拜占庭容错协议。目前，一些系统探索拜占庭容错协议在许可链中的应用。

HoneyBadger（蜜獾）系统首次将实用拜占庭容错协议应用到纯异步许可链中。在HoneyBadger系统中，共识节点身份已知且数量固定，节点之间均建立了经过认证的可信通道。为了消除记账节点广播区块这一环节的带宽瓶颈，HoneyBadger系统没有采用记账节点选举机制，取而代之的是各节点在每轮出块开始时，从本地交易缓冲池中选择部分交易进行广播。为了避免拜占庭节点故意忽略某些交易从而影响系统活性，节点广播的内容不是交易信息本身，而是经门限加密后的交易信息密文。在所有节点收到密文集合后，HoneyBadger系统通过拜占庭协议对一组位向量（bit vector）达成共识，假设位向量第N位为真，则将密文集合对应的第N位密文还原，并将其中包含的交易信息写入区块。当交易信息大小为250字节、网络规模为104个节点时，HoneyBadger系统的交易吞吐量为15 000MB/小时，交易确认时延小于6分钟。

联盟链系统Tendermint采用基于轮询机制的实用拜占庭容错协议对新区

块达成共识。在记账节点选举环节，Tendermint采用确定性轮询机制决定记账节点。由于未采用类似工作量证明的身份定价机制，为防止拜占庭节点发动女巫攻击，系统规定节点必须在账户存入保证金才能参与拜占庭容错协议的投票过程，保证金数额与票数成正比。在网络弱同步且诚实节点掌握至少三分之二票数的情况下，Tendermint满足安全性和活性的要求。当交易信息大小为250字节、网络规模为64个节点时，Tendermint的交易吞吐量约为4 000MB/小时，交易确认延迟约等于2秒。

除使用拜占庭容错协议外，一些企业级区块链系统采用CFT协议而非BFT协议达成确定性共识。2016年初，Linux基金会发起了Hyperledger（超级账本）项目，旨在建立企业级区块链框架，已有超过270个机构加入。Hyperledger Fabric是Hyperledger项目中备受关注的一个子项目，打造面向许可链的分布式数据平台。

确定性共识协议的性能分析，如表2-5所示。

表2-5　确定性共识协议的性能分析

协议	参数设置	交易吞吐量	交易确认时延
Algorand	区块间隔1分钟，区块大小1MB，网络规模为5万个节点	327MB/小时	<1秒
Byzcoin	关键块间隔10分钟，区块大小32MB，网络规模为144个节点	974MB/小时	68秒
Stellar	—	—	—
HoneyBadger	交易信息大小为250字节，网络规模为104个节点	1 500MB/小时	<6分钟
Tendermint	交易信息大小为250字节，网络规模为64个节点	≈4 000MB/小时	≈2秒

第四节 激励层

区块链共识过程通过汇聚大规模共识节点的算力资源，实现共享区块链账本的数据验证和记账工作。因此，其本质是一种共识节点间的任务众包过程。去中心化系统中的共识节点本身是自利的，最大化自身收益是其参与数据验证和记账工作的根本目标。因此，系统必须设计激励相容的合理众包机制，使得共识节点最大化自身收益的个体理性行为与保障去中心化区块链系统的安全性和有效性的整体目标相吻合。

激励层将经济因素集成到区块链技术体系中，主要包括经济激励的发行制度和分配制度。其功能是提供一定的激励措施，鼓励节点参与区块链中的安全验证工作，并将经济因素纳入区块链技术体系中，激励遵守规则参与记账的节点，并惩罚不遵守规则的节点，从而汇聚大量节点参与并形成了对区块链历史数据的稳定共识。

以比特币为例，比特币PoW共识中的经济激励由新发行比特币奖励和交易流通过程中的手续费两部分组成，奖励给PoW共识过程中成功搜索到该区块的随机数并记录该区块的节点。因此，只有当各节点通过合作共同构建共享和可信的区块链历史数据并维护比特币系统的有效性时，其获得的比特币奖励和交易手续费才会有价值。比特币已经形成成熟的"挖矿生态圈"，大量配置专业"矿机"的"矿工"积极参与基于"挖矿"的PoW共识过程，根本目的就是通过获取比特币奖励并转换为相应法定货币来实现盈利。

一、发行机制

比特币系统中每个区块发行比特币的数量是随着时间阶梯性递减的。从创世区块起，每个被成功"挖出"的新区块将发行50个比特币奖励给该区块的记账者，此后每隔约四年（21万个区块），每个被成功"挖出"的新区块发行比特币的数量就降低一半，依此类推，一直到比特币的数量稳定在上限2 100万为止。比特币交易过程中会产生手续费，目前默认手续费是万分之一个比特币，这部分费用也会记入区块并奖励给记账者。这两部分费用将会封装在每个区块的第一笔交易中。虽然现在每个区块的总手续费相对新发行比特币来说规模很小（通常不会超过1个比特币），但随着未来比特币发行数量逐步减少甚至降为零，手续费将逐渐成为驱动节点参与验证和记账工作的主要动力。同时，手续费还可以防止大规模小额交易对比特币网络发起的"粉尘攻击"，起到保障安全的作用。

比特币的生产成本随着比特币的数量增加而增加，供给曲线斜率增加，从而使比特币的价格不断提升，如图2-11所示。在比特币的数量稳定在2 100万的上限之后，其供给曲线将变成一条垂直的直线。随着需求增加，需求曲线向外移动，比特币的价格也将继续上行。

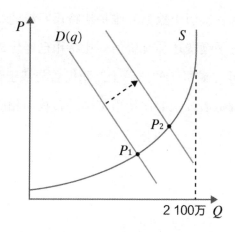

图2-11　比特币供给需求曲线

二、分配机制

在比特币系统中，大量的小算力节点通常会选择加入"矿池"，通过合作汇聚算力提高"挖"到新区块的概率，并共享该区块的比特币和手续费奖励。

根据Bitcoinmining.com统计，目前已经存在13种不同的分配机制。主流"矿池"通常采用PPS（Pay Per Share，每股支付）、DGM（Double Geometric Method，双几何方法）和PROP（Proportional，成比例）等机制，如表2-6所示。

"矿池"将各节点贡献的算力按比例划分成不同的股份（share）。其中，PPS机制直接根据股份比例为各个节点估算和支付一个固定的理论收益，采用此方法的"矿池"将会适度收取手续费来弥补其为各个节点承担的收益不确定性风险，但是对"矿池"来说，这种支付模式风险更大。通常，只有拥有大量储备金的大型"矿池"才有能力承担这些风险。出于这个原因，大多数比特币矿池不再支持PPS机制；DGM机制是目前的主流方案，因为它在短期和长期之间提供了很好的平衡，但是在一个区块被处理完后，节点必须耗费很长时间等待该区块被完整确认；PROP机制则根据节点贡献的股份按比例分配比特币。"矿池"的出现是对比特币和区块链去中心化趋势的潜在威胁，如何设计合理的分配机制引导各个节点合理地合作，避免出现因算力过度集中而导致的安全问题是亟待解决的问题。

表2-6 比特币系统分配机制

分配机制	机制简述
PPS	根据股份比例为各个节点估算和支付一个固定的理论收益
DGM	在短期内收取部分"挖出"的加密货币，然后以正规化过的值返还给"矿工"
PPLNS	各个合作节点根据其在最后N个股份内贡献的实际股份比例来分配区块中的比特币
PORP	根据节点贡献的股份按比例分配比特币
ESMPPS	均等支付
RSMPPS	优先支付最近的"矿工"
CPPSRB	最高每股薪酬奖励
BPM	比特币联合"开采"
SMPSS	按资金最大值对每个贡献节点支付
POT	目标薪酬制
ELIGIUS	提交工作证明赚取股份
SCORE	按比例分配奖励
Triplemining	将获得奖励的1%按照各个"矿池"计算力的比例分发

第五节　智能合约

　　智能合约是一套以数字形式定义的承诺，包括合约参与方可以在其上执行这些承诺的协议。这些承诺指的是合约参与方同意的权利与义务，并且在智能合约中定义了实施办法。由此可见，智能合约不一定需要使用区块链技术，但是区块链技术能够较好地支持智能合约。简言之，智能合约是传统合约的数字化版本，在区块链上是可执行程序。与传统程序一样，区块链智能合约拥有接口，接口可以接收和响应外部消息，并处理和储存外部消息。

一、区块链上的智能合约

　　区块链上的智能合约是一个在沙箱环境中的可执行程序。与传统程序不同，智能合约更强调事务。智能合约的"输入""输出"、状态变化均存在于区块链中，需要在节点间共识算法的基础上完成。然而，智能合约只是一个事务处理和状态记录的模块，既不能产生智能合约，也不能修改智能合约，只是为了让能够被条件触发执行的函数按照调用者的意志准确执行，在预设条件下，自动强制执行合同条款，实现"代码即规则"（code is law）的目标。

智能合约在共识和网络的封装之上，隐藏了区块链网络中各节点的复杂行为，同时提供了区块链应用层的接口，使区块链技术的应用前景变得更为广阔。智能合约也是区块链的一项重要功能，它标志着区块链的应用场景不限于加密货币，而是可以形成基于区块链的服务——BaaS。智能合约使区块链可以承载可编程的程序、运行去中心化的应用，并构建需要信任的合作环境。

二、从脚本到智能合约的演化过程

在比特币出现以前，由于缺少可信的运行环境，智能合约并没有在实际生产中实现和运用。比特币通过提供一种栈式的编程环境——比特币脚本，以支持UTXO的模型和完成比特币的转账逻辑。比特币脚本从功能上完成账户之间的转账和转账有效性校验事宜。比特币脚本具有一定的可扩展性，可以增加额外的指令以实现更多的交易类型和隔离见证等。但比特币脚本处于交易的数据字段，逻辑部分与数据部分耦合，缺乏灵活性，指令扩展容易造成系统安全隐患，脚本的指令功能为非图灵完备的。

比特币平台并不支持智能合约，通过借鉴比特币的指令设计思路，同时满足图灵完备和支持交易之外的任意信息交换，以太坊设计了具有独立运行环境和编程语言的EVM（Ethereum Virtual Machine，以太坊虚拟机）。以太坊中摒弃了UTXO模型，采用人类容易理解的账户模型。

三、运行原理

在加密货币中，类似智能合约的功能为：

（1）验证交易中的签名是否正确；

（2）验证交易的输入金额和输出金额是否匹配；

（3）更新输入账户和输出账户的余额状态。以比特币为例，比特币只有不到200种操作命令，通过栈式脚本语言完成上述动作，实现转账功能。

受到加密货币的脚本语言的启发，具备图灵完备的运行环境的区块链系统的智能合约通常是定义若干合约。这些合约包含若干初始状态、转换规则、触发条件以及对应的操作，然后通过提交事务，经过共识算法确认后，合约安装部署到区块链上。区块链可以实时监控整个智能合约的状态，当某一新的事务满足一定条件时，智能合约对应的条款被触发并执行，新的事务经过共识后，该事务的"输入""输出"和合同内的状态变化均记录在区块链上。以以太坊为例，以太坊的账户分为外部账户和合约账户，外部账户只能以交易的形式发送消息，从而产生事务，这种事务可以是普通交易，如创建一个合约或调用某一合约。如果事务是创建一个合约，那么会产生一个合约账户；如果事务是调用某一合约，对应的合约条款即代码将会被激活并执行，代码对状态的操作变化将被记录在区块链上。

外部应用需要调用智能合约，例如去中心化应用，并依照合约执行事务和访问状态数据。外部应用与智能合约的关系可以对比传统数据库应用与存储过程的关系，存储过程在数据库管理系统中运行，访问关系数据库数据，而智能合约在区块链系统中运行，访问区块和状态数据仍待优化和发展。智能合约的运行机制，如图2-12所示。

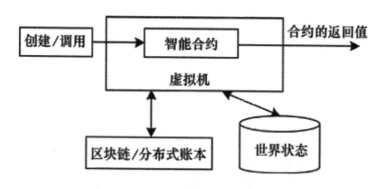

图2-12　智能合约运行机制

四、运行环境

　　智能合约不是直接运行在区块链节点已知的环境中，因为合约代码如果直接操作区块链，尤其是写区块链的数据，会导致合约不受管制，破坏区块链数据结构，威胁区块链节点的安全，所以智能合约必须在隔离的沙箱环境中运行。合约运行环境和宿主系统之间、合约与合约之间通过沙箱环境有效隔离，这既符合解耦合的设计，又提升了智能合约的安全性。目前，主流区块链平台对沙箱的支持主要包括虚拟机和容器，它们都能有效保证合约代码在沙箱中独立执行。以太坊使用自定义的以太坊虚拟机作为沙箱，合约主要经过EVM编译和运行。Hyperledger Fabric使用轻量级的开源应用容器引擎Docker作为沙箱，Docker在工程上常用来提供隔离的Linux运行环境，同样可以有效隔离合约环境、宿主系统环境以及不同合约的运行环境。

第三章

区块链的分类

　　区块链的共识机制致力于解决在分布式存储过程中区块链发展所面临的一致性问题——拜占庭将军问题。基于不同场景下建立信任的方式，区块链可分为两类：许可链和非许可链。基于数据的读写权限和管理权限的差异，区块链可分为公有链、私有链和联盟链。公有链、私有链和联盟链这三种不同的区块链，在权限和共识机制方面有所区别。

第一节　公有链

公有链，也被称为非许可链，没有集中式的管理机构。网络中的参与节点可任意接入，可随意查看区块链上的任意信息，且对相关的数据未设置读写访问权限。公有链典型的共识算法可分为工作量证明（PoW）、权益证明（PoS）和权威证明（PoA）三类。

PoW共识算法是比特币系统所采用的常见共识算法，要求区块链上的各节点基于自身算力求解一个难度适中且易于验证的数学问题（挖矿），最快求解出该问题的节点拥有区块的记账权，且获得一定数量的比特币作为"挖矿"的奖励。PoW共识算法在比特币系统中发挥了至关重要的作用，能够对比特币系统中的加密货币发行、流通、回笼和市场交换等流程进行有机整合，从而构建一个安全可靠的系统。然而，PoW共识算法仍存在很多不足，例如，算力竞争所带来的资源浪费等问题。

为改善PoW共识算法所带来的算力资源浪费，PoS共识算法中规定具备最高权益的区块链节点将拥有区块的记账权，而不是具备最大算力的区块链节点拥有区块的记账权。PoS共识算法中的权益一般指的是用户在区块链上所持有的Token（代币）数量或持有Token的时间等虚拟资源。根据"矿工"持有权益的数量来设置其"挖矿"的难度，"矿工"拥有的权益越大，"挖矿"的难度就越小。PoS通过所持权益的大小来决定区块链系统中的记账权，从而可有效地避免资源浪费。因此，随着挖矿难度日益增加，比特币系统由初期的PoW共识算法来维护转变为由PoS共识算法来维护，PoS共识算法能够从一定程度上减少算力资源浪费并缩短区块链中各节点达成共识需要的时间。

PoA共识算法指的是链上各节点通过投票方式选举出的权威节点最终将获得该区块的记账权。与其他共识算法有所不同，PoA共识算法能够有效地避免算力资源浪费和51%算力攻击的问题。

第二节　联盟链

联盟链，也被称为许可链，介于公有链和私有链之间，在结构上采用"部分去中心化"的方式，由若干机构联合构建。联盟链只限联盟成员参与，某个节点加入联盟链需要获得联盟成员许可，数据读取权限和记账规则等均需要根据联盟中的相关规则来确定。与公有链相比，联盟链所拥有的节点数量较少。联盟链典型的共识机制有拜占庭容错机制和实用拜占庭容错（PBFT）机制。在BFT算法中，拜占庭问题能够解决的前提条件是拜占庭节点数目不超过节点总数目的三分之一。

原始的拜占庭容错机制可划分为两种协议：口头协议和书面协议。口头协议的核心思想是将所接收到的"命令"在各个节点之间进行传输，最终根据各个节点所获取的综合信息来确定最终的结果。书面协议的核心思想是对所传输的信息进行数字签名，该协议能够防止拜占庭节点随意修改接收的信息。

PBFT是BFT升级和改进版本，用实用拜占庭容错算法解决了拜占庭容错算法中数据信息的传输复杂度较高的问题。但PBFT不适用于大规模的公有链，因为节点数量越多，节点之间的通信时间就越长。除此之外，PBFT对BFT中所存在的算法效率较低的情况进行了改善，共识算法的复杂度由指数级降至多项式级。这使PBFT算法在实际应用场景中得到了普及和发展。

第三节　私有链

　　私有链由私有组织或单位创建，写入权限仅局限在组织内部，读取权限有限对外开放。私有链通常采用具有可信中心的部分去中心化结构和容错性低、性能效率低的Paxos和Raft（木筏）等共识机制，因此记账效率要远高于联盟链和公有链。其中，Paxos共识机制是基于消息传递的一致性算法，主要用于解决如何调整分布式系统中的某个值使其达成一致的问题。Raft共识机制能够快速达成共识，确保了结果的可靠性和准确性。

第四节　链的对比

在分布式结构上，不同类型的区块链系统具有一定差异。由于具备不同的区块链共识机制，因此不同类型的区块链系统应用场景也有较大差别。公有链采用完全去中心化架构，各参与节点具有平等的数据读写等权利，通常用于搭建开放式的共享记账系统；联盟链采用部分去中心化的分布式结构，是由参与联盟的多个组织或机构形成多中心的分布式系统，通常用于在各行业机构创建权利相对平等的组织团体中共享数据；私有链在公司或机构内部形成小范围的可信中心化结构，省略激励层以提高性能和效率，用于企业和机构进行数据共享管理。

目前，在区块链领域中派生出两种发展方向：一种是以比特币、以太坊为代表的公有链的发展方向，另一种是以超级账本为代表的私有链、联盟链的发展方向。比特币、以太坊等具有全球化、不受特定机构或组织约束的特点，而超级账本则致力于构建一个既能满足不同领域需求又能满足各监管架构要求的开放平台。

不同类型区块链系统的特点、应用举例如表3-1所示。

表3-1 不同类型区块链系统的特点、应用举例

区块链系统类型	特点	应用举例
公有链	所有节点共享，完全开放	比特币、以太坊、EOS[①]、天空链
联盟链	私有链联盟，对特定组织开放	企业以太坊联盟、Hyperledger、R3区块链联盟、运营商区块链研究组（CBSG）、微软COCO
私有链	主要权限集中在运营组织者手中	中国农业银行涉农互联网电商融资"e链贷"、招商银行跨境直联清算系统、浙商银行应收款链平台

---

① EOS（Enterprise Operation System，企业操作系统）是一款基于商用分布式应用设计的区块链操作系统。EOS引入了一种新的区块链架构，旨在实现分布式应用的性能扩展。

第四章

区块链的典型应用场景及案例

第一节 区块链的商业优势

分布式系统的无中介性为企业节省成本和时间，并降低了风险。以记账环节来说，在传统业务网络中，所有参与者都维护着自己的账本，这些账本之间的重复和差异会导致争议、更长的结算时间，而且因为需要中介，还会导致相关的间接管理成本；通过使用基于区块链的共享账本，交易信息在通过共识性验证并写入账本后，就不能再更改，这样参与者就能节省时间和成本，同时降低风险。

分布式账本的统一性减少了错误。区块链共识机制提供了经过整合的、一致的数据集的优势，减少了错误，拥有接近实时的引用数据，而且参与者能够灵活更改其拥有的资产的描述。

去中心化使信息的可信度和完整性更高了。因为没有参与者可以垄断共享账本中所含信息的来源，所以区块链技术可以提高参与者之间交易信息的可信度和完整性。

区块链技术的不变性机制降低了审计和合规成本，提高了透明度。因为在使用区块链技术的业务网络上，合约得以智能、自动化执行并最终确认，所以企业可以提高执行速度、降低成本和风险。

第二节　泛金融领域

区块链的技术优势和金融领域高度数据化的特点，使这两者结合能很好地解决金融领域现存的许多痛点：区块链支付确认的过程——清算和结算的过程，没有后续人为干预；跨行、跨境支付时，可以减少交易时间；智能合约技术的应用有望催生新的交易市场。虽然区块链技术在金融领域的大规模应用还处在不断探索的过程中，但是目前国内外已经落地的"区块链+金融"项目预示了区块链在金融领域中不可替代的地位，区块链在金融领域的大好应用前景近在眼前。

一、泛金融领域基本概念

金融领域的业务包括货币发行与回笼、存款吸纳与付出、贷款发放与回收、外汇买卖、有价证券发行与转让，以及保险、信托、国内和国际结算等。从事金融活动的机构主要有银行、信托投资公司、保险公司、证券公司、投资基金、证券交易所等。金融行业市场容量巨大。根据中国人民银行发布的《2021年金融市场运行情况》，2021年债券市场共发行各类债券61.9万亿元，较2020年增长了8.03%；银行间市场信用拆借、回购交易成交总量为1164.0万亿元，同比增长5.16%；银行间本币衍生品市场共成交21.4万亿元，同比增长6.5%。在互联网金融方面，2021年，中国网络信贷余额规模为5.75万亿元，同比增长21.8%；第三方支付业务交易金额为355.5万亿元，同比增长44.3%。

随着经济发展和市场扩大，人们对金融服务的需求也越来越大。紧跟经济发展的步伐，泛金融行业应运而生。相比于传统金融行业，泛金融行业范围更广，不仅包括传统金融机构，还包括与之密切相关、紧密连接的行业如资产管理公司、投资咨询公司以及会计师事务所等。总体来说，泛金融行业包括银行、保险、证券、基金、资产管理、期货、信托、交易所、支付、小额信贷、消费金融、互联网金融等行业，如图4-1所示。

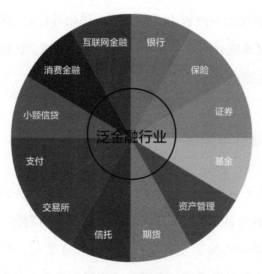

图4-1 泛金融行业

金融是通过资金运作创造价值的。诺贝尔经济学奖得主、美国哈佛大学金融学教授罗伯特·默顿（Robert Merton）认为，金融体系具有六大基本功能：

（1）清算和支付功能。金融体系为商品、服务交易提供了清算、结算以及支付的手段。互联网金融兴起的一大亮点就是支付方式的巨大变化。

（2）融资和股权细化功能。金融体系可以通过合法的手段融通资金，使得资金从一方流转到另一方，在资金流转的过程中实现了资金整合。融资对大型项目以及有发展潜力的企业而言是至关重要的。股权融资就是将大型投资项目划分为小额股份，以便中小投资者参与投资，这就实现了股权细化。

（3）资源配置功能。单个投资者往往很难对市场投资环境以及公司投资预期做出合理的判断。金融中介机构发挥了帮助投资者做投资决策的功能，分散了投资风险，优化了社会资本投资配置。

（4）风险管理功能。由于金融市场存在交易成本和信息不对称的情况，金融投资存在高低不等的风险。金融体系可以对风险进行定价、交易、分散及转移，使得金融市场风险得到合理分配。

（5）激励功能。这里的"激励"主要指的是股权。对企业而言，如果其员工拥有一定数量的企业股票或者股票期权，就能实现激励员工的作用。

（6）信息功能。在金融市场上，筹资者可以获取各种不同融资方式的成本信息，投资者可以从中获取投资标的的价格以及价格影响因素的信息。

金融的本质是信用，因为有了信用，资金才能够在不同的时间、地点以及不同的参与者之间进行流通和配置。因此，金融业有大量中介机构，包括银行、第三方支付、资产管理机构等。但是这样中心化的模式存在很多问题，中心化意味着各中心之间的互通成本高、沟通费时费力、运作效率低，并且中心化的节点容易受到攻击，数据安全风险大。

二、泛金融领域存在的问题

金融体系发展至今，已经形成了稳定的规模和结构，在实际运作过程中，存在一些有待改进的问题。

（1）跨境支付周期长、费用高。金融行业承担着支付的功能。商品及服务交易的双方根据不同的情况，可能有多种不同的支付方式。根据交易的主体不同，支付方式可以分为直接支付和间接支付：直接支付即支付行为和收取行为同时发生，不需要第三方担保或周转；间接支付即交易双方需要以第三方支付公司为中心，经过第三方公司记账、核算，才能最终完成支付。由于交易双方地理位置问题、信任问题，跨境支付都需要第三方周转。跨境支付到账周期为一周左右，并且费用较高，如PayPal（贝宝）普通跨境支付交易手续费为交易额的4.4%加0.3美元。

（2）融资周期长、费用高。对中小企业的融资事项而言，第三方征信机构需要花费大量时间去审核企业的各种凭证以及账款记录，并且给出的融资手续费率都比较高。

（3）票据市场中心化风险较大。票据市场依赖于中心化的商业银行，一旦中心服务器出现故障，票据市场随之瘫痪。此外，一票多卖以及虚假商业汇票的问题也时有出现。

（4）底层资产真假难辨。基金、资产证券化以及各种理财产品，都是对底层资产进行包装后以金融产品的形式展现给投资者，以便投资者直接购买的。底层资产的来源较为多样，可能是标准化的债券、股票、公募基金，也可能是非标准化的应收账款及收益权等。从底层资产变为直接供投资者购买的金融产品，需要经过多方参与，交易环节存在信息不对称等问题，交易机构对底层资产的真实性和准确性也难以把握。

三、泛金融领域的发展趋势

随着中国经济转型升级，中国金融业发展进入了一个新的阶段。该阶段主要有以下四个特点：

（1）金融服务实体经济，利润趋于合理。货币发行速度逐渐放缓，货币政策回归稳健，打压资产泡沫。各金融机构将会更加精准地调控自身的资金需求，提高资金管理水平，银行间互相拆借的频次降低。供给侧结构性改革、"一带一路"等都需要金融体系支持。新兴产业和共享经济领域快速发展，使得金融业能够更好地服务文体娱乐、教育医疗等实体经济，社会基础设施投资增加。

（2）金融市场结构优化，直接融资增多。金融体系中各金融机构之间的业务往来增多，融资结构发生改变，逐步转变为融资和自查管理并重的格局。间接融资——银行作为资金的中间方将个人及企业存款用于投资的形式逐步减少。直接融资——发行有价证券的形式逐步增多。从社会融资规模存量和增量结构来看，直接融资的比重都在增加。融资模式从由银行主导逐渐转化为由市场主导。

（3）服务用户痛点，鼓励金融创新。近年来，互联网金融给传统金融带来冲击，我们从中可以看到，投资者渠道日益多元化，理财意识和理财需求均有提升。年轻客户基本摒弃传统的存款业务，更偏向于数字化渠道的金融服务。理财产品不断增多，使得客户忠诚度和黏性下降，具有创新性的、能解决用户痛点的金融服务将会获得市场青睐，得到可持续发展。

（4）新技术促成金融行业发生巨大变化。近几年，大数据、云计算、人工智能（Artificial Intelligence，AI）以及区块链技术方兴未艾。新技术也带来了新的发展机遇。金融行业利用大数据分析，精准定位客户需求，实现精准营销。低成本的云计算也提高了财务分析、核算的效率。基于去中心化思想的区块链技术在金融领域的应用也有不少尝试。随着科学发展和技术进步，金融体系的变化可能是惊人的。

从以上发展趋势来看，金融体系已经逐步进入一个新的阶段，这个阶段要求金融机构跟上时代和科技发展的步伐，以市场需求为导向做好融资业务，推出创新型金融产品，更好地服务于实体经济。

四、"区块链＋泛金融"的可能性分析

首先，金融是一种信用交易，信用是金融的基础，而金融最能体现信用的原则与特性。目前，为了解决交易中的信用问题，大额交易基本都需要第三方介入，提供信用担保，比如银行、政府等。在某种程度上，这样的机构是有存在的价值的，能够降低交易的信用成本，保障交易正常进行，但是交易主体需要为此付出一些成本，常见的就是各类手续费及相关费用。区块链作为一种分布式账本技术，其账本信息公开透明、不可篡改，可作为一种征信、授信的手段，降低信任成本，将交易主体对中心化信用机构的信任转变为对区块链账本数据的信任。

其次，区块链技术的相关应用可作为"货币"提供价值流通的功能，更好地融入金融行业体系。因此，区块链技术与泛金融行业具备强适配性。

最后，在技术层面，现代泛金融行业的业务活动本身就具有数据的性质，如账户管理、交易操作等本身就是修改、传输数据，属于易于应用区块链技术的行业。

区块链作为一项新的技术，虽然其底层支撑技术还处于一个不断发展和完善的阶段，尚不够成熟，但由于其天然的优势——去中心化、信息不可篡改、匿名性、智能合约、开放透明性，结合金融领域本身就具备的高度数字化的特征，区块链在金融领域的应用探索已经有很多了。泛金融行业包含的细分领域非常多，但是区块链技术的应用场景极为相似，主要集中在联盟链以及智能合约方面，主要可以概括为五大应用场景。

1.数字货币

在整个国家体系中，货币的发行事宜完全由政府主导。一方面，中央政府发行货币，可以保证国家货币体系稳定；另一方面，中心化组织发行货币，很难对市场做出准确的判断，可能导致货币发行量远超市场需求量，从而引起通货膨胀。

为了解决上述问题，数字货币的出现让人们看到了一丝希望。数字货币是基于区块链技术在网上发行和流通的货币，它区别于虚拟货币，可以用于真实商品和服务交易。

比特币是目前区块链技术最广泛、最成功的应用，不需要中心化机构或者第三方认证便可实现点对点交易。与法定货币不同，比特币没有集中的发行机构，不受任何机构、政府管控，任何一个人都可以在任何一台接入互联网的计算机上生产、购买和销售比特币。比特币的数量是有限的，这一方面保证了人们获得比特币需要付出相应的成本，从而确保了无法大量生产比特币来人为操纵币值；另一方面也可以有效避免因为货币超量发行带来的通货膨胀。

数字货币虽然有一些独特的优势，但是从整体来看数字货币还是存在很大风险的。首先是投机盛行。在比特币的基础上，大量其他种类的去中心化数字货币被创造出来，其中有很大一部分并没有实际价值，变成了一些不法分子"圈钱"、敛财的工具。目前，很多人关注这些数字货币并不是因为其本身的价值，而是为了投机获利。其次是技术风险。目前与数字货币配套的网络设置还不够完善，比如比特币交易网站Mt.Gox因为安全漏洞而遭到黑客入侵，损失高达4.6亿美元。最后是政策风险。由于数字货币直接影响了传统货币的地位，这也撼动了中央政府的权利。数字货币无国界化的特点也极大地增加了各国金融监管工作难度。不少不法分子利用数字货币的匿名性进行非法交易，从而逃避政府监管。

2.支付清算

现阶段商业贸易的交易支付、清算都要借助银行体系。这种传统的通过银行方式进行的交易要经过开户行、对手行、清算组织、境外银行（代理行或者本行境外分支机构）等多个组织及较为烦冗的处理流程。正是有这样烦琐的处理流程，一个可信任的中介机构是非常重要的。并且，在此过程中每一个机构都有自己的账务系统，彼此之间需要建立代理关系，每笔交易需要在本机构记录，并且机构之间的信息是独立存在的，交易各方的信息都是内部孤立使用的。信息不透明导致了以下三个问题。

（1）成本高。每笔交易都需要收取相应的手续费，并且用户在这个过程中没有话语权，完全由作为第三方的机构定价。

（2）效率低。交易双方的银行体系独立存在，所有信息都需要经过双方的体系验证之后才可以实现交易，整个过程耗时较长，特别是跨境交易，还需要考虑时差、银行是否正常营业等因素。

（3）安全性差。部分国家的银行体系不够完善，这就让不法分子有机可乘，存在很大的风险。

与传统支付体系相比，区块链支付让交易双方直接进行端到端支付，不涉及中间机构，能够大幅提高结算速度和降低交易成本。比如，用户a和用户b分别上链，作为链条中的两个节点，用户a向用户b发送10个数字货币，当这条信息被广播到网络时，每个收到这条信息的节点就会记录下来，参与的各个节点都可以作为相应的认证方。

传统支付和区块链支付对比，如图4-2所示。

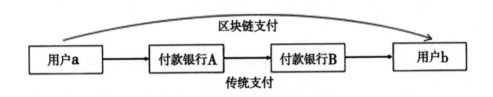

图4-2　传统支付和区块链支付对比

尤其是跨境支付方面，如果基于区块链技术构建一套通用的分布式银行间金融交易系统，可为用户提供全球范围的跨境、任意币种的实时支付清算服务，跨境支付会变得方便快捷、交易费用低。区块链技术的解决方案改变了各金融机构系统之间独立运行的现状，各家金融机构可以联合起来成立一个联盟，基于区块链技术构建一个分布式的账本系统，每个参与的金融机构都是该联盟链中的节点，参与一致性算法的构建过程。各银行之间的数据库就不需要相互对账，并且支付交易也不需要第三方清算机构进行结算，真正做到降低交易成本，提高整个行业的效率。

3.数字票据

票据是交易过程中的债权债务的一种凭证，是一种信用工具。票据的承兑可以满足企业支付结算的需求，促进资金周转和商品流通，并且也是企业短期融资的渠道之一。票据作为信用背书，可以为企业方便快捷地获得部分低成本的资金。票据主要包括纸质票据和电子票据两种，相比于纸质票据，电子票据更加便捷，但是我国票据的电子化程度较低，目前市场上还是以纸质票据为主，其中人工操作的环节很多，在业务处理中有大量的审阅、验证各种交易单据以及纸质文件的环节，不仅需要花费大量时间及人力，并且容易出现操作失误。票据有着很高的流动性，从而可能出现很多违规操作，存在管控漏洞。从票据交易场景来看，整个流程可以分成出票、流转和承兑三个环节。

（1）在出票环节，最容易出现的问题是如何保证数据的真实性。利用区块链技术，可以将所有背景数据上链，将开票信息在全网广播，再加上区块链的不可篡改性和可追溯性，各个节点都可以查看和验证开票信息的真伪，确保票据不会被滥用。

（2）在流转环节，往往会因为信息不对称，企业间难以找到合适的交易手段，造成贴现成本高、风险大等问题。如果采用区块链技术，企业可以在全网广播融资需求，或者利用智能合约自动匹配对口出资机构。在信息透明化后，企业的融资成本及风险大大降低，效率也大幅提高。

（3）在承兑环节，主要是把之前的票据换成资金，票据的到期日在出票阶段已经全部确定，可以直接写入智能合约。在到期日，持票人可以自动发出承兑申请，并在收到账款后将信息自动打包记录在区块中。这可以有效解决票据逾期的问题，并且可以确保账单前后一致。

区块链技术的应用，可以有效地解决整个交易过程中的相关问题，主要可以带来以下三个方面改善。

（1）实现票据价值传递去中心化。在传统票据交易中，往往需要由票据交易中心进行交易信息转发和管理。区块链技术可实现点对点交易，有效去除票据交易中心角色。

（2）能够有效防范票据市场风险。由于区块链具有不可篡改的时间戳和全网公开的特性，一旦交易完成，将不会存在"赖账"现象，从而避免了纸质票据"一票多卖"、电子票据打款和背书不同步等问题。

（3）可以大大降低系统的建设、维护及数据存储成本。采用区块链技术不需要中心服务器，可以节省系统开发、接入及后期维护的成本，并且大大减少了系统中心化带来的运营风险和操作风险。

4.证券交易

证券发行与交易的流程手续烦琐且效率低下，并且底层资产真假难以验证，存在参与主体多、操作环节多、交易透明度低、信息不对称等问题，风险难以把控。除此之外，各参与方之间流转效率不高、各方交易系统间资金清算和对账往往需要大量人力物力、资产"变现"方式有线上线下多种渠道、无法监控资产的真实情况等问题也难以避免。在资产包形成后，各交易主体对底层资产数据的真实性和准确性的信任度也存在问题。

从用户的角度来看，投资者需要委托证券经纪人下单买卖股票。证券经纪人在接受委托后，按照投资者给出的价格进行申报，然后在股票交易所自动匹配报价和需求，然后完成交易。当交易完成后，证券登记结算公司需要对买卖双方进行结算和交割，然后再委托银行进行相关款项发放。整个流程涉及的参与方多，过程复杂。我国目前证券交易主要采用"T+1"结算模式，投资者出售股票后，资金要在下一个交易日才能到账。

利用区块链技术，可以替代中间机构，买卖双方可以通过智能合约的形式自动匹配，然后自动完成交易结算，不需要第三方机构参与。这大大提高了交易速度，节约了交易费用。所有数据打包放在链上，可以有效减少争议。

5.保险服务

近年来，我国保险行业的发展速度非常快，这也表明了大众对保险有着巨大的需求。但是整个保险业相对比较传统，虽然有一些"互联网保险"的创新尝试，但是都只是停留在表层，并没有真正解决以下三个方面的问题。

（1）保费欺诈行为。这是整个保险业长期以来都面临的问题。这些需要额外赔付的保费，直接增加了保险公司的赔付款。保险公司为了抵消这些额外的成本不得不增加保费，这也间接增加了投保人的投保费用。

（2）信息不对称。现在有很多保险的相关信息是通过作为第三方的保险代理公司在投保人和保险公司之间沟通的。由于保险公司跟投保人没有直接联系，保险代理公司可以从中进行相关操作，使自己的利益最大化，这可能会损害整体效益。

（3）理赔过程烦琐。传统的保险理赔极为烦琐，需要一系列相关证明，并且保险公司需要花费大量的人力、物力去核实这些证明。整个理赔过程历时长、效率低。

随着区块链技术发展，未来关于个人的健康状况、发生事故记录等信息都可能会上传到区块链中，使保险公司在客户投保时可以更加及时、准确地获得风险信息，从而降低核保成本、提升效率。区块链共享、透明的特点，降低了信息不对称风险，还可降低逆向选择风险；其历史可追踪的特点，则有利于减少道德风险，进而降低保险的管理难度和管理成本。

（1）降低骗保风险。记录在区块链上的信息可追溯、不可篡改，利用区块链记录客户信息，可以有效降低信息造假的可能性。

（2）信息透明化。利用区块链技术可以最大限度地解决信息不对称问题，保险公司可以准确、有效地了解到投保人的个人信息，简化投保流程，更容易直接联系投保人，从而与投保人更加充分地交流。

（3）智能合约自动理赔。利用区块链智能合约条款，只要达到理赔条件，就可以启动理赔程序，无须保险人申请，系统自动支付赔偿金额。保险公司只需要对各项基本信息进行审核，大大提高了理赔效率。

总体来说，由于金融行业高度数字化的特征，以及区块链技术的发展前景和优势，"区块链+金融"被金融行业看好，区块链注定是金融行业未来重要的发展方向。

五、"区块链＋泛金融"的优势

金融行业正在开展区块链在金融领域应用的探索工作，总结起来，"区块链+泛金融"有以下六个明显优势。

1.点对点，建立信任

区块链为点对点支付提供了可能性。应用区块链技术，金融市场的每一个个体都可以上链，并建立自己的账户。无论是商品、服务交易引起的支付行为，还是链上进行的数字化资产交易，都可以直接由交易双方完成，免去了第三方机构参与，提高了信息传递效率和交易速度，降低了信息传输出现问题以及发生人为错误的频率，还可以降低交易成本。

2.智能合约，降低交易成本

通过应用智能合约技术，金融从业者可把交易内容通过编写程序的方式录入区块链中。由于区块链具有不可篡改的特性，只要触发交易发起的条件，交易将自动进行。这一技术有助于帮助泛金融行业的相关公司降低成本，提高交易处理量。

3.简化结算流程，提高效率

区块链系统往往使用点对点的网络结构进行布置，有助于简化流程、提高结算效率，并且可以实现全天候、24小时转账支付业务，减少资金闲置时间。同时，泛金融系统中往往需要传递大量票据、凭证等，通过信用系统，客户、机构可快速获得资质证明，避免烦琐的票据处理流程。

4.提高网络安全性能，进一步了解客户信誉

通过构建一个基于区块链的交易系统，客户的交易历史可以在链上完整呈现，而客户已经开始但尚未结束的交易活动（如期权、债券交易等）也可通过智能合约等技术一并呈现、执行。有赖于区块结构的设计（如默克尔树等），这些信息是不可篡改、不可删除的。这样就可以在很大程度上避免很多技术风险。

区块结构的设计还保证了用户信息的完整性和准确性，使得金融从业者可以利用数据分析，对客户进行准确的信用评估，挖掘客户的潜在价值，简化授信流程、提高授信能力。无论是传统金融行业的企业还是非传统金融行业的企业，均可从重新构建精细的客户信用系统中获益。

5.信息共享，优化市场

在底层资产经过拆分、整合，变成理财产品的过程中，由于区块链透明化和不可篡改的特点，各个交易机构可以清晰地看到底层资产的真实情况，投资者也可以看到理财产品是由哪些底层资产包装而成的。这极大地提高了理财产品的透明度，便于投资者更好地做出投资决策。另外，区块链透明化的特点也可以让各资产管理公司的业绩透明化，投资者可以清楚地了解各个资产管理公司的运营水平，从而可以更好地做出投资决策。透明化的市场有利于公众监管，优化了金融市场。

6.不可篡改，天然确权

区块链的不可篡改性意味着记录的永久性，这在资产确权方面有很大用武之地。从理论上来说，区块链技术可以应用于任何类型的资产确权领域。使用区块链技术最关键的因素在于是否容易上链，而是否容易上链的关键则在于是否具有对应实物（或服务）。实物（或服务）交易需要在线下实际完成物品转移（或完成服务）。金融产品则不相同，金融产品数字化程度很高，上链十分方便，只需要在链上完成交易即可，不需要涉及线下流程。

因此，区块链技术在股票、债券等金融资产的交易方面具有天然的优势。链上个体根据私钥可以证明股权的所有权，股权转让只需要在链上通过智能合约执行，记录永久保存不可篡改，产权十分明晰。另外，由于交易记录具有完整性和不可篡改性，审计机构在对业务账单进行审计的过程中，可以很方便地解决获取交易凭证、追踪账单等问题，大大提高了审计效率，降低了审计成本，便于审计机构开展工作。

六、"区块链 + 泛金融"的阻碍和限制

中国信息通信研究院（工业和信息化部电信研究院）云计算与大数据研究所主任工程师、金融科技负责人韩涵在凤凰网和百度金融联合主办的沙龙上，发表了"区块链在金融领域的应用"的主题分享。韩涵认为区块链技术应用于金融行业存在"技术瓶颈、系统整合、价值认可、商业化成本、隐私保护、监管政策六大方面的问题"。具体来说，区块链在金融方面的应用仍有以下五个方面的问题。

1.交易频率限制

区块链技术对区块的大小、区块创建的时间均有一定要求，因此区块链每秒可处理的交易数量也受到了限制。比特币只能支持平均每秒约7笔交易的吞吐量，这一速度显然远远不能满足目前金融系统的需求。目前，VISA（维萨）系统的处理均值为每秒2 000笔，峰值约为每秒56 000笔。这一限制有望随着区块链技术的进一步发展得到解决。

2.速度保证

区块链的特点为分布式，并且要求保证一致性。链上任何一次交易都需要51%节点计算结果一致才能进行。对大规模实时交易来说，这是很难保证的。比如目前最大的区块链应用比特币，每一次交易都需要大约10分钟的计算时间。随着区块链连接的节点越来越多，区块链的同步效率也会下降。这使得目前区块链的应用基本都是针对交易频率较低的场外交易，在场内交易依旧有技术上的局限。如果要保证每天上万亿元的大规模交易，区块链技术还需要进行更多技术改进。

3.安全保障

如前所述，区块链底层技术仍然不够成熟，搭建较小的区块链平台在实际应用中仍然存在一些问题。将区块链技术应用到广阔的金融市场上，需要未来区块链底层技术足够完善，以保证区块链平台稳定和安全。

另外，区块链的安全性在于没有任何中心化机构存储了用户的私钥，每位用户的私钥是完全保密的，仅由自己保存。在金融领域内，用户的私钥关系着用户的投资、资金等，一旦用户私钥丢失，补发私钥和身份验证问题也需要考虑周全。在建立了区块链平台之后，金融机构将原有业务进行迁移也会有一定的风险，在实际操作时应该慎重考虑。

4.监管困难

金融市场是国际化的市场，区块链的去中心化也给监管工作带来了困难。如若将来世界各地的金融机构都在链上，链上金融机构都可以发行各类金融产品，那么就会对司法管辖权的界定带来一定困难，并且规模越大，管理的难度就越大。

5.政策风险

作为一种去中心化技术，区块链可以避免个人资产被托管，能在一定程度上提高安全性，但是这一特性也与金融行业反洗钱的规则相冲突，可能面临较大的政策风险。在这一方面，中国监管机构的态度较为坚决。2018年4月，时任中国人民银行货币金银局局长王信撰文称："近年来，各类虚拟货币在全世界引发高度关注，它们吸纳民间资本，游离于金融监管之外，投机成风，其中的洗钱、支持非法经济活动等问题不容小觑，蕴藏着较大的金融风险。对此，相关部门正积极采取有效措施，切实强化社会上各类虚拟货币的监测监管，牢牢把握住人民币发行权，守住不发生系统性风险底线。"

区块链技术具备一定的匿名性（用户可通过如"零知识加密"等技术实现匿名），但同时也可通过对规则合理设计，引入国家机构监控。基于分布式账本公开透明的特点，金融监管机构可强有力地进行监督管理工作。在金融机构、政府部门的努力下，政策风险将逐步降低。

七、应用案例

区块链项目在金融领域的探索主要集中在支付、房地产金融、资产证券化、资产管理、票据金融等领域。在国内，除了新兴区块链创业企业以外，中国银联、招商银行、民生银行等传统银行机构以及蚂蚁金服、百度金融、众安科技等在内的金融科技巨头也已经开始布局并落地了相应的平台与项目。利用区块链的去中心化、不可篡改的特点，金融各个环节的风险得到更好把控，金融交易的成本也随之降低了。

1.Ripple

Ripple（涟漪）是一家位于美国旧金山的初创公司，通过区块链技术和其专用加密货币XRP（瑞波币）来使跨境支付和汇款更为便捷。Ripple致力于推动其采用的协议成为世界范围内各大银行通用的标准交易协议，使跨境转账能像发电子邮件那样成本低廉、方便快捷。Ripple是世界上第一个开放的支付网络，通过这个支付网络可以转账多种货币，包括美元、欧元、人民币、日元和比特币等，简便易行快捷，可以在几秒以内完成交易确认工作，交易费用几乎为零。

Ripple公司的网站页面，如图4-3所示。

图4-3　Ripple公司的网站页面

　　Ripple开发了一个去中心化的免费的货币支付系统，基于去中心化理念，创造了支付和清算系统，能在全球范围内实现多币种快速、低费率转账，自动完成交易和清算，并将交易记录到分布式账本（RCL）的清算网络。

　　Ripple货币支付系统有五个优点：

　　（1）不收取任何转账费用，成本几乎为零；

　　（2）货币多元性，支持多国法定货币之间的交易，也能处理主要加密货币之间的交易；

　　（3）交易效率高，交易时间为3~5秒，支付处理速度快。

　　（4）Ripple和全球100多家金融机构达成合作，用户基础好。

　　（5）Ripple为金融机构提供服务支持，既解决银行间支付清算问题，又不会损害到银行自身利益。

Ripple货币支付系统有两个缺点：

（1）由于匿名性的原因导致交易无法追溯，存在非法交易的可能性。

（2）瑞波币是网络中的支撑货币，数量有限，存在被投机操控的可能性，进而影响正常业务开展。

2.WeTrust

WeTrust（我们相信）是由区块链技术支持的分散型金融应用平台，通过利用现有的社会资本、人际信任网以及创新的区块链技术带来全新的金融产品服务。WeTrust的第一个产品的灵感来自全球超过10亿人已经在使用的"社会信用贷款"，俗称"标会"。区块链技术能有效强化这种传统借贷方式，并使其更加规范、高效。

用户通过WeTrust可在以太坊（Ethereum）区块链上自主创建和管理数字"标会"，组建新的"标会"，构思个性化协议，并且参与管理交易和会员记录。由于"标会"协定将以智能合约的形式编入源代码中，会员需要提供真实的身份信息，不守规矩的会员将会被移出信誉系统。WeTrust致力于通过区块链技术解决"标会"效率低的问题。

八、总结

从理论上来看，区块链的技术优势和金融领域高度数字化的特点，能很好地解决金融领域现存的许多痛点。政府、行业以及学术界都应该关注区块链在金融领域的应用。虽然目前在技术上、管理上仍然有许多问题需要考虑，但是从已经落地的诸多"区块链+金融"项目上，都能看到区块链在金融领域的广阔的应用前景。

1.联盟链和私有链为主

金融行业对于自主可控的要求决定了身份认证、权限管理等模块是必不可少的，同时其受政策监管制约因素较强，决定了目前的公有链还不太适合作为金融机构的解决方案。金融机构使用区块链技术可以先从多中心化或者部分去中心化开始，实现金融行业的信息共享。从交易频率、交易速度等角度来看，联盟链和私有链比较适合现在的金融行业的需求。

2.智能合约应用相对比较成熟

智能合约的应用范围非常广泛，包括众筹、资产管理、保险以及信贷服务等，可以有效减少这些产业中认证审核和沟通的环节，降低沟通成本，使得一些模式化的流程可以自动执行。同时，智能合约强制执行的特点也降低了违约风险，使得"去信任"交易成为可能。

3."区块链+其他科技"

单独使用区块链技术的话，局限性非常大。区块链技术需要大数据、云计算、人工智能、物联网等技术"赋能"。比如在进行分布式数据存储的同时，将数据通过云计算的方式结合大数据技术，在云端进行预测、实时数据分类等。除了金融数据以外，还存在很多线下的数据，这部分数据需要结合物联网技术发展，打通"数据壁垒"。

第三节　"区块链 + 身份认证"

一、数字身份基本概念

　　数字身份是指将真实身份信息"浓缩"为数字代码，可通过网络、相关设备等查询和识别的公共密钥。目前数字身份主要的应用是与公安部身份查询渠道以及身份证信息绑定，并实现相关证件第三方核验、免费网络查询。这是数字身份目前相对比较成熟的一种应用方式。随着互联网日趋成熟，数字身份的重要性也在急剧上升。在互联网时代，数字身份信息是分散的，如支付宝存储着我们的交易信息、微信存储着我们的社交信息、游戏存储着我们相关的娱乐信息。这些不同属性的信息都是个人数字身份的一部分，属性越全面，身份越完整。数字身份可以通过整合多种信息，对用户进行全面"刻画"。例如身份证具备唯一编号，编号本身不具备信息，仅作为个人的认证凭证，但我们可以基于编号通过手机号、照片等进行信息填充，完善数字身份的内容。除此之外，身份信息可以来自生活的方方面面，比如社交、看新闻、购物、运动、指纹信息、运动手表记录的运动信息等，如图4-4所示。

图4-4　数字身份信息来源

　　身份是人际交往的基础，代表着沟通双方之间的关系。从大的范围来看，数字身份覆盖的范围非常广，小的可以是个人身份，大的可以是公司主体，甚至资产也可以具有数字身份。个人身份的属性帮助我们在整个网络中进行日常操作，包括购物、社交等；公司主体或者资产类的身份有助于与合作伙伴进行交易、谈判等商业活动。数字身份有利于信息传递和分享，有利于陌生人之间进行合作、联系。

　　数字身份是一个人在整个网络中的个人活动的基础。数字身份的有效性是网络中最关键的因素，是让双方相互信任，从而进行交易等行为的前提条件。数字身份的使用包括两个过程：一是认证，如一个人出生后，领取国家向其发放的身份证，以证明其公民身份；二是验证，如买火车票、入住酒店等需要出示身份证，该过程就是验证身份的过程。数字身份系统未来想达到的目标场景其实在现实生活中已经出现了，只不过未来要把所有流程都电子化。比如，当一个大学生想出国留学，大学生就是用户。他一般都会让自己的导师给自己写一封推荐信，这封推荐信就是身份的证明之一。然后该大学生带着这封推荐信去国外上学。国外拟接收该学生的老师就是身份证明的最终接收方，他会根据自己的判断和对该学生的了解决定是否接收该学生。这个过程就是信息认证的过程，如果未来实现电子化，则交易双方之间的信息就可以共享，从而可以更好地交易和合作。

二、数字身份存在的问题

数字经济已全面融入国民经济和社会发展的各个领域，深刻改变着经济社会的发展动力和发展方式。然而，我国在数字化转型过程中存在数字资源开发利用能力不足、数字基础设施尚不完善、数字社会治理面临挑战等诸多问题。因为数字身份的基本特征，以及数字身份的发展现状，目前数字身份主要存在以下两个方面的问题。

1.数字基础设施搭建不完善

数字身份的属性有很多种分类，不同的应用场景需要不同的身份信息，从而导致整个社会的数字身份系统较为散乱，没有统一协调起来。比如在个人身份信息领域，个人需要通过政府的身份系统验证，才可以入住宾馆、注册手机号等；在商业身份信息领域，企业需要政府相关部门以及行业内相关部门进行认证审核，从而形成商业身份信息。类似的系统有很多，但是这些系统并没有协同起来，系统之间相互认证需要通过一系列非常复杂的流程。

2.隐私容易泄露

互联网飞速发展，人们在互联网上的活动越来越多，使用互联网服务的前提条件就是解决身份问题。目前，各大平台都需要用户进行相应的身份认证，有的需要用户的姓名和身份证号码，也有的需要用户上传身份证正反面的照片，甚至有的需要用户手持身份证进行验证。这些认证手段相对比较简单，用户的体验尚算良好，但是这可能会造成大量个人隐私信息泄露，让不法分子有机可乘，利用大数据分析，精准追踪某一个用户，对其设下陷阱，从而导致用户财产及相关的利益损失。2021年出现的部分数据泄露事件，如表4-1所示。

表4-1　2021年出现的部分数据泄露事件

时间	涉及机构/企业	事件
2021年2月	新加坡电信有限公司（Singtel）	约129 000名客户的个人信息遭到泄露
2021年3月	印度移动支付巨头MobiKwik（摩比克维克）	涉及约1亿用户个人信息的8.2TB用户数据在"暗网"被交易
2021年6月	中国台湾存储器和存储制造商威刚	1.5TB敏感数据泄露
2021年6月	Clubhouse（俱乐部会馆）、Facebook（脸书）	38亿条数据在"暗网"被售卖
2021年9月	阿根廷	该国所有人口的身份证详细信息被窃取

三、数字身份系统目前的主要形式

数字身份有着不一样的作用和分类，搭建数字身份系统的时候需要遵循基本的系统原则。目前已经有一些数字身份系统了，主要有以下三种形式：

1.内部管理系统

这是数字身份系统目前应用最为广泛的方式之一，主要是在一些学校、企业等团体内部使用。比如在学校里有学生卡，这个卡存储了学生的信息，学生可以使用学生卡在图书馆、食堂、宿舍楼等不同场所使用，所有的行为认证都可以通过该卡内置的芯片中存储的信息进行确认，并且不同人的卡也有不同的权限。

2.集中/联合认证系统

这种系统由一家公司提供数字身份信息，服务于其他不同的场景。这一类形式的系统主要应用在支付宝和微信等场景中，目前绝大多数App（移动互联网应用程序）都可以使用微信账号登录，这也意味着用户在微信的数字身份信息可以被其他平台认证。除此之外，支付宝的信用分体系也是数字身份的一种代表。支付宝利用自己的评价体系，为用户打造了一个数字身份等级。其他平台基于对支付宝评价体系的信任，基于用户信用分，可以向用户提供免押金住宿、免押金租车等服务。

3.外部认证系统

外部认证系统通过外部的数字身份信息对用户进行认证。最常见的外部认证场景就是使用身份证，人们乘坐火车、入住宾馆以及办理银行业务等，提供身份证就可以办理相关的业务。这些业务场景都依托于身份证管理系统这个强大的外部认证体系。

以上三种形式的数字身份系统或多或少都存在一些问题，比如用户身份信息全部掌握在中心化机构手上，用户的信息就有可能被泄露、被利用。

在理想情况下，进行数字身份系统搭建的时候，需要注意以下四点。

1.以用户为核心

用户可以控制自己的信息，有权选择开放或者部分开放自己的信息。这样一方面可以让用户完全控制自己的信息，不会被别人所操控，另一方面可以很好地保护用户的隐私，用户也会更有动力上传自己的个人信息。随着用户信息不断被完善，整个数字身份系统才会有更大的价值，才能为参与系统的各方提供更好的服务。

2.隐私保护

用户最关心的就是隐私保护问题，这也是目前整个数字世界有待解决的关键问题之一。随着互联网快速发展，人们逐渐从现实世界走向虚拟世界，由此在虚拟世界产生的信息也越来越多。互联网的联网特性决定了其有被攻击的可能性，因此互联网的数据存在被盗取或者泄露的可能性。数字身份系统如何有效保护用户数据的安全性有待深入研究。

3.可扩展性

数字身份系统的搭建工作是一个漫长的过程，在这个过程中，用户不断创造信息。这些信息的属性是多种多样的，并且都是跟用户直接相关的。因此，数字身份系统需要有可扩展性，这样才能够很好地满足用户各种不断变化的需求。随着信息或者属性增多，用户的数字身份信息将会越来越完备。

4.开放性

用户在不同的场景中留下的信息具有不同的属性。为了提高整个社会的效率，各个系统应该有一定的开放性，比如医院的数字身份系统可以和保险公司的数字身份系统相互连通，保险公司在取得用户许可的情况下，可以方便地访问其健康方面的信息。

四、数字身份系统的优势

综上所述，如果数字身份系统搭建完成，社会整体效率就会提高，各方都会从中获益。以下主要从用户、服务提供方以及政府三个方面分析数字身份系统的优势。

1. 用户

用户可以有效地保护自己的隐私，可以控制谁有权限访问自己的个人信息，并且可以决定在何时何地以自己想要的方式去公布自己的信息。除此以外，不断完善的信息也有助于用户跟陌生人进行交易等活动，不必再去证明"你妈是你妈"等问题。

2. 服务提供方

服务提供方可以访问用户身份信息，一方面可以让双方达成互信，另一方面可以针对其特定的属性提供个性化的服务和产品，这样也省去了中间反复沟通的成本，简化了整个交易流程，并且可以有效地降低交易风险。比如金融机构在给用户进行贷款的时候，就不需要用户出具各类证明，这些资料直接在数字身份系统中就存在，未来若有可能，可以对用户的这类信息进行相应评级，不同的等级对应着不同的贷款额度。这样一来，金融机构风险防控和办理贷款的效率都会大幅提升。

3. 政府

政府通过数字身份系统可以高效与公民进行沟通，节约大量时间和成本。根据公民的不同属性，政府可以对其进行相应的辅助。从监管部门的角度出发，监管部门可以对任何一个人进行监管，更加有效地保障社会的稳定。

总体来说，数字身份系统的出现会最大化地释放用户的价值，社会整体效率也会由此大幅度提高。

五、"区块链 + 数字身份"的优势

区块链和数字身份是相辅相成的，用区块链技术服务于数字身份，归结起来有以下四个优势。

1. 数据真实有效

基于区块链不可篡改的特性，区块链可以有效保障身份数据的真实性。这一部分需要在数据上链前出具权威的信用背书（如政府认证），再把这些数据上链，从而保障链上数据是真实有效的。除此之外，链上每一个数据都是在系统"监督"下被真实、完整地记录在各个节点之中，证据充分且可追溯。系统对所有用户开放，所有参与者都有可能获取其他个人的信息，获取这些信息需要取得当事人的授权。

2. 隐私安全保护

区块链的非对称加密机制有效保障了用户隐私安全的问题。一方面，区块链可以保障用户隐私不会被其他人随意使用，使用权在自己手上（而非企业手中）；另一方面，在交易的过程中，区块链可以让双方的隐私都得到加密处理，外人对其交易行为的了解只局限于过程层面，双方的信息都是不公开的。

3. 明确所有权

目前，用户在互联网上的各类信息都是掌握在互联网企业手上的，这些企业可以随意去利用用户的个人信息从事各类商业活动。从用户的角度出发，如果这些企业用用户的个人信息去做商业活动，应该得到用户授权。利用区块链技术的分布式存储，也许可以实现该功能，但是在技术上仍需要一段探索过程。

4. 数据共享

目前各个互联网平台之间相互独立，各自都保存着自己的核心数据。利用区块链技术，在各大平台之间搭建联盟链体系，依靠相应的智能合约、共识机制以及激励制度可以有效地驱动企业共享数据，促进行业信息流通和整合。数据的来源是用户，各渠道数据整合优化，也就意味着可以让用户有一个更好的数字身份。

六、"区块链 + 数字身份"的阻碍和限制

区块链技术作为一项新兴的技术，存在着很多需要改进的地方。从目前区块链技术和数字身份的特点来看，"区块链+数字身份"依旧有一些阻碍和限制。

1.数据上链的真实性

区块链技术可以很好地保证链上数据的真实性和有效性，但是线下数据存在造假的风险。因此，线下数据需要经过一个权威机构认证后才能够上链。这样可以有效保证初始信息的准确性。

2.国别限制

区块链网络是一个全球性的网络，由于各国之间存在着明显的界限，所以数字身份系统的全球化会受到一定限制。在本国内，政府认证用户身份信息，并且可以访问、监督用户数据，但是在不同的国家之间，系统是否相互连接、信息是否可以相互访问是存在很大疑问的。

3.相关法律的规定

基于区块链技术的数字身份系统需要由有区块链技术背景的组织搭建，只是在搭建完成以后平台可以实现自治。法律对数字身份系统搭建者的法律地位和责任界定是否足够清晰，在系统运行过程中出现难以解决的纠纷、问题时相关的法律责任如何界定，这些问题都是在平台搭建初期就应该充分考虑的。

七、应用案例

总的来看，有很多家做数字身份相关的区块链业务的公司，各家公司都有自己不同的切入点，包括个人数字身份系统、企业数字身份以及物品数字身份等。比如自主身份验证平台uPort（上位）是一个基于以太坊的数字身份应用，它可以进行用户身份验证并且与以太坊上其他应用进行交互，可以免密码登录；Civic（公民）则是从生物识别出发，打造多因素身份认证系统，准确、安全地识别用户身份。目前，有众多基于区块链技术的数字身份项目。

1.可信身份链

可信身份链为北京公易联科技有限公司旗下项目，由北京中电同业科技发展有限公司与北京太一云股份有限公司等共同建立。项目依托于eID（电子身份证）技术产业联合实验室、数字身份技术应用联合实验室等多家中电实验室的相关技术经验积累，是在公安部第三研究所指导下的eID网络身份运营机构与公易联共同研发的新一代电子认证服务平台。

eID是以密码技术为基础、以智能安全芯片为载体、由"公安部公民网络身份识别系统"签发给公民的网络电子身份标识，能够在不泄露身份信息的前提下在线远程识别身份。eID在多个方面具有很强的优势，可满足公民在个人隐私、网络交易等多方面的安全保障需求。其具有以下四个特点。

（1）权威性。eID基于面对面身份核验，由"公安部公民网络身份识别系统"统一签发，可提供跨地域、跨行业的网络身份核验服务；

（2）安全性。eID含有一对由智能安全芯片内部产生的非对称密钥，通过高强度安全机制确保其无法被非法读取、复制、篡改或使用；

（3）普适性。eID不受载体物理形态的限制，只要载体中的智能安全芯片符合eID载体相关标准即可；

（4）隐私性。eID的唯一性标识采用国家商用密码算法生成，不含任何个人身份信息，有效保护了公民的身份信息。

可信身份链是将eID与区块链相结合的创新应用，采用区块链技术增加eID的服务形式、扩大eID的服务范围、提高eID的服务能力，为各类应用提供有等级、分布式、防篡改、防抵赖、抗攻击、抗勾结、高容错、安全高效、形式多样、保护隐私的可信身份认证服务，将身份认证服务从单点在线服务向联合在线服务推进。

2.SecureKey

SecureKey（安全密钥）是一家位于加拿大多伦多的专注于身份验证以及账户安全管理的技术服务提供商。用户可以在支持SecureKey服务的公司网站，通过SecureKey的账户和密码关联所有银行和理财账户，避免记忆大量复杂的账户信息，而所有的账户和密码数据都存储在安全性最高的云平台中。

该公司于2017年3月宣布与IBM联合发布基于区块链的数字身份网络。这主要是基于Linux基金会开源Hyperledger Fabric v1.0和IBM区块链服务基础进行开发的，新的数字身份与属性共享网络于2017年在加拿大上线。

SecureKey的官方网站页面，如图4-5所示。

图4-5　SecureKey的官方网站页面

该服务是以消费者为中心的，与消费者信任的银行联系起来，包括加拿大各大银行：加拿大蒙特利尔银行、加拿大帝国商业银行、加拿大皇家银行、加拿大丰业银行和多伦多道明银行等。这些银行在2016年10月就已经宣布加入该数字身份"生态系统"，并总共向SecureKey投资了2 700万美元。

用户可通过银行提供的手机App验证身份，并且可控制其区块链存储的可信凭证中有哪些信息可以共享给选定的公司，同时这些公司也可以快速验证该用户身份以提供个性化的服务。

八、总结

基于对数字身份系统的充分理解，结合区块链技术去中心化、点对点网络、时间戳、不可篡改的特点，我们可以发现，数字身份和区块链技术之间有着巧妙的联系，在区块链时代，两者缺一不可，相互协同，相互促进。目前来看，发展数字身份系统是互联网发展的必然趋势，区块链技术在某种程度上提供了一个相对可信的方案。

1.真实性和有效性数字身份的基础

不管是区块链还是互联网，它们的特点都是数字化，数字化活动的基础就是用户的数字化身份，只有保证用户数字化身份的真实性和有效性，用户产生的活动、交易等才是有效的。

2.区块链和数字身份相辅相成

区块链的广泛应用需要数字身份作为基础，数字身份需要区块链来保障，两者相辅相成，相互依托，相互促进。用户的数字身份信息不断完善，可以有效促进区块链信息共享，从而提高整体的认证效率。区块链非对称加密、分布式存储的特点可以有效保障用户的隐私，并且把用户信息的使用权留在用户手上。

3.政府是基础，企业是动力

数字身份的源头需要一个强大的背书机构，这部分的认证工作最好由国家政府来完成。以身份认证为基础，用户的绝大多数社会行为信息基本掌握在企业手中，社交信息在微信等社交平台上，支付信息在支付宝等支付平台上，购物信息在京东等购物平台上等，企业在完善用户身份信息中必定是一个重要角色。用户属性信息是否足够完善也依托于企业之间的合作，企业在这个过程中提供了最强的动力。

4.中心化和去中心化并存

数字身份的认证需要国家政府这种强有力的中心化机构来背书，在这个层面上，中心化的组织是有存在的必要的。流通的数字身份属性信息确认或者验证过程，可以充分发挥区块链技术去中心化的特点。

第四节 "区块链 + 供应链"

一、供应链的基本概念

供应链是指围绕核心企业，从配置零件、制成中间产品到最终产品，最后由销售网络把产品送到消费者手中的，将供应商、分销商和最终用户连成一个整体的功能网链结构。国家标准《物流术语》将供应链定义为"生产与流通过程中，涉及将产品或服务提供给最终用户的上游与下游企业，所形成的网链结构"。供应链管理的目标是要将顾客需要的正确的产品能够在正确的时间，按照正确的数量、正确的质量和正确的状态送到正确的地点，并使总成本达到最优化的状态。根据产品的流向，供应链基本的关系图，如图4-6所示。

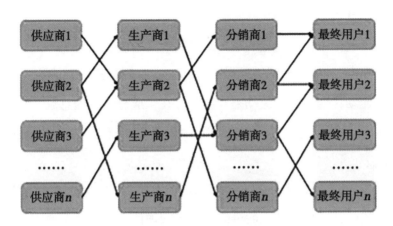

图4-6　供应链基本关系图

从供应链的概念可以看出，供应链联系着供应商、生产商、分销商以及最终用户等多个复杂的主体（包括个人和企业）。不同产品的供应链定然有很大不同，复杂产品的供应链可能包括数百个环节，一个周期将持续几个月甚至更长时间，涉及世界多个地理位置。

实际上，供应链应该是伴随着商业产生而产生的，从最初的商业贸易发展到现在，供应链已经有了很大的变化，主要体现在以下四个方面。

（1）生产。手工生产基本被取代，原材料、零配件、产品生产都走上了工业化的模式，生产规模大、效率高，生产实现了全球化，地域化性质已经不明显。

（2）运输。人力运输时代已经过去，承担物流功能的基本是货车运输、轮船运输、铁路运输和航空运输。

（3）销售。在各种电子商务平台出现后，传统的面对面交易逐渐被取代，绝大多数产品都在互联网上销售。

（4）交易。产品交易实现了电子化，与互联网销售相匹配，交易中极少出现纸币，基本采用电子交易的形式。

在整个过程中，供应链的基本组成要素为物流、信息流以及资金流：物流从上游的供应商向下游的零售商流动，直至到达最终用户；资金流从下游向上游流动；信息流的流动是双向的。在供应链上，信息流、物流、资金流是三大基本要素，信息流指挥物流，物流带动资金流。它们具体的概念如下。

（1）信息流。在商品流通过程中，所有信息的流动过程被简称为信息流。信息流包括了供应链上的供需信息和管理信息，伴随着物流运作而不断产生，贯穿商品交易过程的始终，记录整个商务活动的流程。信息流是分析物流、引导资金流、做出经营决策的重要依据。

（2）物流。物流是物品从供应地向接收地的实体流动过程中，根据实际需要，将运输、存储、装卸搬运、包装、流通加工、配送、信息处理等功能有机结合起来，实现用户要求的过程。现代物流是经济全球化的产物，也是推动经济全球化的重要服务业。

（3）资金流。在货币流通的过程中，资金是企业的血液，资金流是盘活供应链的关键。在供应链中，企业资金流的运作状况，直接受到上游和下游的影响，上游和下游的资金运作效率、动态优化程度，直接关系到企业资金流的运行质量。

总之，资金流、物流和信息流的形成是商品流通不断发展的必然结果，它们在商品价值形态的转化过程中有机地统一起来，共同完成商品的生产—分配—交换—消费—生产的循环。在供应链中，资金流是条件，信息流是手段，物流是终结和归宿。

二、供应链存在的问题

供应链由众多参与主体构成，不同的主体之间存在大量交流和合作。在实际工作中，供应链信息流阻滞不畅、物流效率低下、资金流周转不及时等情况时有发生。综合而言，现阶段供应链管理仍存在的问题如下。

1.信息不透明影响系统整体效率

供应链的上下游主体处于一种复杂的博弈关系中。由于时空、技术等因素造成信息不对称的情况，一方面使交易其中一方可建立交易壁垒从而获利，另一方面也使系统整体成本升高，导致交易各方均无法获得最大收益。

2.交易双方信任成本较高

由于信息不对称，采购方与供应商进行交易的各个环节均需要采取某些手段对产品进行甄别、挑选、验证等，而供应商亦需要提供证明以便取得采购方的信任。这一过程是交易有效性、可靠性的保障，但需要耗费交易双方的各项资源，提高了双方的交易成本。

3.交易纠纷难以处理

目前的供应链可覆盖数百个环节，涉及数十个国家和地区，主体横跨众多行业。如果供应链主体之间产生纠纷，由于交易复杂程度高，存在着举证困难、责任分配难以明确等问题。

4.非法行为追踪困难

与上述交易纠纷遇到的问题类似，如果供应链的产品出现问题，由于供应链结构高度复杂，精准地找出存在问题的环节是一项极为耗时费力的工作。

三、供应链的发展趋势

结合当前供应链管理存在的问题以及供应链行业报告，供应链未来发展的重要方面有以下三个。

1.信息可视化

信息可视化可使供应链中的各参与方对于商品在流通过程中的状态有同等查看权，由此消除供应链中信息不对称的情况，可以提升供应链的整体效率。通过合理地分配利益，供应链的各个主体的盈利均可以有所增加。由此可进一步提高信息可视化的程度，并使得供应链上下游就抵御风险等问题形成共识。

2.流程优化和需求管理

通过供应链主体之间的管控协同、数据可视化，供应链上的实时决策优化、需求预测将变成可能，由此可以进一步减弱甚至完全避免"牛鞭效应"带来的影响。目前在该方面，已有如VMI（供应商管理库存）策略等研究成果。流程优化和需求管理的最终目标是实现需求和供给之间既不存在数量差距，也不存在供应时间延迟，甚至能够预测需求，并且进行需求驱动的个性化定制生产。

3.产品溯源

供应链与物联网等技术结合，在物流的生产、运输、加工等环节上进行全面监控、记录，可以完整地获取供应链上下游的过程信息。这将有助于解决传统供应链取证困难、责任主体不明确等问题。

四、"区块链 + 供应链"的可行性分析

区块链技术天然地符合供应链管理的需求。首先，区块链的链式结构，可理解为一种存储信息的时间序列数据。这与供应链中产品流转的形式有相似之处。其次，供应链上信息更新相对低频，回避了目前区块链技术在处理高频数据方面的短板。从企业的角度而言，实时了解产品状态，可以帮助企业优化生产运营和管理，提升效率。推动区块链技术在供应链管理方面的应用符合各供应链主体的利益。

五、"区块链 + 供应链"的优势

区块链上每一次交易的信息（交易双方、交易时间、交易内容等）都会被记录在一个区块上，并且在链上各个节点的分布式账本上进行存储，这就保证了信息的完整性、可靠性、高透明度。区块链的这些特点，使得其在供应链当中的应用有很多优势。

1.信息共享，有助于提高系统效率

区块链是一种分布式账本，区块链上的信息（"账本"）由各个参与者同时记录、共享。供应链管理中使用区块链技术，可使信息在上下游企业之间公开。由此，需求变动等信息可实时反映给链上的各个主体，各企业可以及时了解最新的物流进展，以采取相应的措施。与VMI策略类似，这一做法增强了多方协作的可能性，实现信息可视化、流程优化和需求管理，提高系统的整体效率。

2.多主体参与监控、审计,有效防止交易不公、交易欺诈等问题

在传统的交易中,通常使用单一的中心化认证机构实现交易行为的认证过程,如图4-7所示。中心化认证机构需要较高的运营、维护成本,获取的数据受限,并存在数据被不法分子篡改、盗窃、破坏的可能性,对企业进行数据共享形成了一定阻碍。

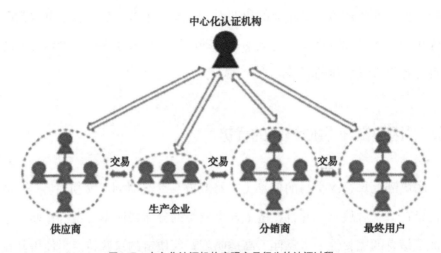

图4-7　中心化认证机构实现交易行为的认证过程

与传统的中心化认证机构相比,基于区块链的供应链多中心协同认证体系不需要委托第三方作为独立的中心化认证机构,由各方交易主体作为不同认证中心共同认证供应链交易行为,如图4-8所示。供应链上下游企业共同建立一个"联盟链",仅限供应链内企业主体参与,由联盟链共同确认成员管理、认证、授权等行为。通过把物料、物流、交易等信息记录上链,供应链上下游的信息在各个企业之间公开。由此,监控、审计等功能可由各交易主体共同进行公证。这样一来,各个节点之间竞争记账,权力平等,由多交易主体构成的认证机构可有效防止交易不公、交易欺诈等问题。如果某一个交

易主体单独或者联合其他交易主体试图篡改交易记录，其他交易主体可以根据自己对交易的记录证明其不法行为，并将其清理出供应链。

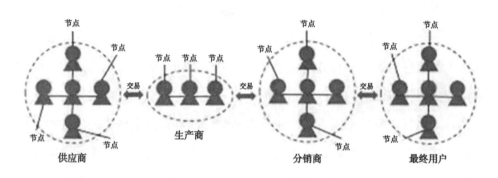

图4-8　去中心化供应链交易体系

3.确保数据真实性，有助于解决产品溯源、交易纠纷等问题

通过应用区块链技术，供应链上下游的信息可写入区块链中，而区块与区块之间由"链"连接。区块的内容与区块之间的"链"信息均通过哈希算法等方式加密，可确保区块内容不可删改，区块之间的连接方式安全、可靠。由于采用分布式的结构，供应链各个参与方均存有链上的全部数据，这进一步确保了数据的真实性和可靠性。区块链技术可保证因谋取私利而控制、损毁数据等情况几乎不可能出现。

因此在供应链中，当物联网提供的货物来源信息、基本信息、装箱单信息、运输状态信息等准确可靠时，在这些信息被上传记录在区块链后，区块链技术可保证信息后续传播、追加等过程是安全的、透明的。通过对链上的数据进行读取，可以直接定位运输中间环节的问题，避免货物丢失、误领或商业造假等问题。区块链技术尤其适用于稀缺性商品领域，通过把生产、物流、销售等数据上链，可确保产品的唯一性，保障消费者权益、杜绝假货流通的可能性。此外，当交易纠纷发生时，交易双方可快速根据链上信息进行取证、明确责任主体，提高付款、交收、理赔等流程的处理效率。

4.降低沟通成本

一方面，区块链技术可以帮助上下游企业建立一个安全的分布式账本，账本上的信息对各个交易方均是公开的；另一方面，通过智能合约技术，企业可以把合作协议的内容以代码的形式记录在账本上，一旦协议条件生效，代码自动执行。譬如采购方与供应方交易时，即可在链上创建一份合约，合约内容是当供应方将货物送达指定地点时，采购方就将货款发送给供应方。这样一来只要物流抵达的信息发出，货款将自动转出。由于区块链数据是安全的、不可变的，智能合约上代码强制执行的特点使赖账和毁约不可能发生。利用智能合约能够高效实时更新和较少人为干预的特点，企业可实现对供应商队伍动态管理，提升供应链的运作效率。利用区块链技术对零配件供应商的设备等相关信息登记和共享，可以帮助生产淡季有加工需求的小型企业直接找到合适的生产商，甚至利用智能合约自动下单采购，从而达到准确执行生产计划的目的。这些小型企业可以跳过中间商，从而节省成本。同时，这也有助于激活生产厂商的空置产能，如图4-9所示。

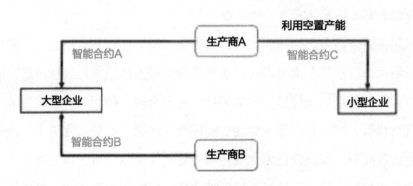

图4-9　智能合约在供应链中的应用

5.增强企业信誉，助力供应链金融发展

结合区块链技术，供应链上下游企业之间的交易及票据信息都汇聚在链上，区块链的分布式账本技术决定了信息不可篡改。同时，区块链的智能合约技术可以自动按条款强制执行支付结算等操作，充分揭示企业的潜在收益。系统将企业的历史交易信息进行分析，利用一定的数据模型，能快速准确地获取企业的信用评级以及企业的历史融资情况。这不仅可以解决在供应链行业一直存在的中小微企业融资困难的问题，也能够轻松引入银行、理财机构、其他企业等授信、投资。达到核心企业、供货企业、投资方多方共赢，推动供应链良性发展。区块链的核心技术——分布式账本技术、加密技术、智能合约技术等，能降低企业的融资成本、提高资金流转效率，为供应链金融更好地发展提供了创新的解决方案。

六、"区块链 + 供应链金融"

目前，区块链技术在金融方面有很多应用。供应链金融本身具备金融属性，具有较强的数字化特性，相对于传统供应链业务更容易上链。因此，重点分析和挖掘区块链在供应链金融领域的应用是具有较大的意义的。2017年3月，由"一行三会"与工业和信息化部联合印发的《关于金融支持制造强国建设的指导意见》中，明确表示"大力发展产业链金融产品和服务"，鼓励金融机构积极开展各种形式的供应链金融服务。

已经上链的上下游企业之间的交易及票据信息都汇聚在链上，区块链技术决定了信息不可篡改。系统将企业的历史信息进行收集和数据分析，利用数据建模，能快速准确地获取企业的信用评级以及企业的历史融资情况。世

界银行发布的相关报告显示，中国拥有全球规模最大的中小微企业群体，潜在融资需求高达4.4万亿美元，而当前中小微企业能获取的融资金额仅为2.5万亿美元，融资缺口达1.9万亿美元。在供应链中，很多新兴的物流、供货方企业都属于中小微企业，区块链技术的应用，将会给这些企业带来福音。

对供应链的核心企业而言，与其有商业往来的上下游企业往往数量庞大。核心企业对于各企业的应收账款等数据的统计和维护工作往往需要耗费很大成本。利用区块链分布式记账和智能合约的技术优势，款项的支付和收取成了不可篡改的永久性账本，自动执行结算的智能合约可以大大提高供应链的整体运行效率。

区块链中的UTXO交易模型可以方便有效地确认交易的合法性。区块链上的加密货币不是仅靠物理转移就可完成所有权转移的，这就存在"双花"的风险。以往的加密货币没法解决"双花"问题。在区块链的加密货币交易里，任何一笔交易都对应了若干"输入"和"输出"。区块链中发起交易的"输入"必须是另一笔交易未被使用的"输出"，并且需要该笔"输出"地址对应的私钥签名。这个区块链网络中的UTXO会被存储在每个节点中，只有满足了来源UTXO和数字签名条件的交易行为才是合法的。区块链系统的UTXO交易模式杜绝了"双花"问题，确认了链上交易的合法性。

七、"区块链 + 供应链" 的阻碍和限制

区块链仍然是一项新兴技术，目前还不够成熟，需要不断开发和改进。由于供应链涉及供应商、生产商、分销商、零售商等多个主体，各方之间可能有不同的利益关系和合作关系，因此尽管区块链具备较为明显的优势，但

是将其直接应用于供应链也还有一定的缺点和限制。

1. 产业升级问题

区块链技术与供应链的结合将大幅度提高供应链各相关主体的信息化程度，同时也将在短时间内因为基础设施建设、技术推广、人员培训等造成成本增加。同时，信息透明化也将带来利益关系转变，使用区块链的工作有可能遇到阻力。

2. 物联网技术问题

目前将实体产品连接网络的技术有射频识别、二维条码和近场通信等。在区块链上，为了确保信息顺畅流通，供应链物流每个阶段的操作步骤都必须有数字标签，如何添加数字标签以达到追踪实体产品的目的，仍然需要技术解决思路。

3. 数据安全和隐私

区块链数据透明化，需要考虑清楚将哪些数据放到链上，关系到如何处理个人敏感信息和商业机密信息，需要细致考虑。对供应链上的企业而言，商业机密泄露可能会造成巨大损失，将企业专有的或保密的客户信息透明化或将受到来自企业的巨大阻力。对个人而言，敏感信息泄露也会带来相当大的风险。建立一个"区块链+供应链"的系统，需要在保证各方数据安全和隐私的条件下进行。

基于区块链技术在金融方面应用如火如荼的现状，将区块链技术应用于供应链金融领域一定大有可为。

八、应用案例

近几年，国内外很多企业积极探索区块链在防伪溯源、物流、供应链金融等场景中的应用，区块链技术正逐渐向传统供应链业务中渗透。

1. Skuchain

Skuchain（最小库存单位链）是一家美国的"区块链+供应链"创业公司，得到了数字货币集团、分布式资本、AminoCapital（丰元资本）的投资，主要开发"区块链+供应链"的解决方案，解决贸易融资当中的痛点。Skuchain对区块链产品的定位将改变供应链金融行业。Skuchain基于区块链，采用了智能合约技术，能够自动记录供应链的交易信息，并且根据订单和物流信息自动执行合同订单，提高了供应链企业和银行的交易和融资效率。

Skuchain的产品示意图，如图4-10所示。

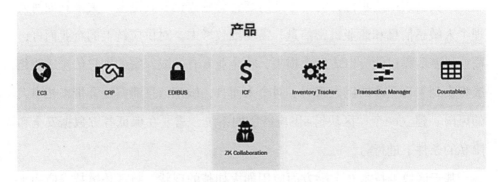

图4-10　Skuchain产品示意图

（1）EC3。EC3平台将区块链技术与当前的企业IT系统相结合，从而在整个供应链中无缝接入解决方案。

（2）CRP（Collaborative Resource Planning，协作资源计划）。Skuchain的

区块链网络上的每个组织都有自己的CRP系统，具有多个服务模块。

（3）EDIBUS（电子数据交换总线）。这是Skuchain基于EC3平台开发的一个应用程序，它可以在整个供应链中通过字段级加密安全地实现数据共享。

（4）ICF（Inventory Control & Finance，库存管理与金融服务）。该产品以一种完全不同的方式在供应链中释放资本，将库存转化为可融资资产，为交易降低风险并降低供应商的融资成本。

（5）Inventory Tracker（库存追踪）。Skuchain的库存追踪系统是基于Popcodes（出处证明代码）的，这是一种用于追踪SKU（Stock Keeping Unit，最小库存单位）级别货物流动的加密序列化解决方案。

（6）Transaction Manager（事务管理器）。Skuchain的事务管理器使用Brackets（加密安全智能合约）在区块链上进行金融交易，管理整个供应链周期。

（7）Countables（可数词）。这是一个使用Skuchain的Popcodes的用于收集特定产品或事件的个性化数据的手机App。

（8）ZK Collaboration（Zero Knowledge Collaboration，零知识协作）。Skuchain开发的零知识协作技术可以直接对区块链分类账实现精准访问权限控制，企业能够彼此计划和协作，并将敏感信息保持为隐藏状态。

2017年，Skuchain与澳洲联邦银行、富国银行合作完成了一次基于区块链的跨境贸易：将一批数量为88包的棉花从美国的得克萨斯州运到中国青岛，实现了智能合约、区块链、物联网三种技术综合运用。

2. 运链盟

运链盟是一个汽车供应链物流服务平台，由中都物流、万向区块链、北汽新能源联合成立项目组，通过基于区块链分布式账本与存证技术应用，建立电子化运单的发运新模式、结算对账新模式、供应链融资服务模式，解决传统纸质运单流转周期长、成本高、对账慢、易丢失等行业性的业务痛点。这也是国内首个区块链技术在汽车整车物流行业的落地项目。

通过运链盟，主机厂营销公司将降低纸质单据成本、制单人员成本、运单审核成本、运单存档成本，提高发运效率和结算效率，使物流过程信息透明化；物流企业将显著节省运单返单的快递成本，运单返回、搜集、传递、审核、对账的人员成本；经销商将实现交接异议快速反馈处理。供应链整体结算、对账效率将显著提高，并为物流承运商网络提供基于应收账款的供应链融资服务。

运链盟采用区块链开源平台BCOS（Be Credible, Open & Secure，诚信、开放、安全）作为底层技术。BCOS平台采用PBFT共识机制，不依据节点算力，而是通过在节点间运行拜占庭容错协议达成共识，可以容错不超过三分之一的失效节点。作为区块链系统，BCOS平台持续接收交易，对区块和交易进行达成共识、验证和处理，在系统内建立并行运算的机制，以此为基础提升交易处理性能。BCOS平台采用Solidity语言[1]作为智能合约开发语言，通过CA（Certification Authority，认证机构）证书提供机构准入机制，使用安全加密通信机制保障系统的安全性和隐私。

运链盟于2018年11月1日启动试运行，完成中都物流以及上下游企业系统部署，前期业务将主要依托北汽新能源整车业务，以实际使用效果与经验帮助软件持续迭代，优化用户使用体验。未来，运链盟将不断扩大平台业务

---

[1]　Solidity语言是一种专门为实现智能合约而创建的高级编程语言。

规模，将北汽乃至其他汽车集团整车物流业务纳入系统，逐步形成行业细分领域各个企业互信互助、去中心化的商业网络。

3. 中农网区块链管理平台

目前国内的农产品供应链正面临信任危机，这一信任危机所带来的成本，并不会在农产品的终端价格中体现，但它会使消费者认为本土的农产品具有较大的风险，因此即便在价格相同的情况下，很多消费者也会转而选择进口农产品。消费者对于农产品的不信任感最明显的特点，就是这并不是对某一个品种的某一个"点"不信任，而是对很多品种乃至全行业"面"不信任。无论是蔬菜、水果、鱼肉等横向品种，还是生产、加工、流通、分配等纵向环节，消费者几乎是全面质疑。假如农产品外观色泽比较鲜艳，便会被消费者怀疑为使用了色素；如果农产品体量比较大，便会被消费者怀疑为使用了膨大剂；如果农产品的颜色或是形状与消费者固有认知不一样，便会被消费者怀疑是转基因产品。

目前，农产品行业解决消费者对农产品产业链不信任的区块链解决方案，主要是农产品溯源。农业领域除了可溯源之外，生产方与需求方的信息也存在不透明等问题。一旦区块链技术被应用，大家就可以通过大数据分析，建立种植户、采购商的信用评级参考；利用智能合约在种植户和采购商之间保证公平交易。同时，区块链技术可以提高农产品买卖双方的契约精神。另外，随着区块链在食品供应链中应用，这一过程将得到简化，因为数据管理系统将种植户、加工商、分销商、监管机构、零售商和消费者等参与方纳入其监管范围，使数据管理系统变得更加透明。

中农网区块链管理平台在大宗农产品流通链条，如食糖、蚕丝、苹果等农产品供应链布局区块链技术。蚕农在大商城销售蚕丝，蚕丝厂采购蚕丝产生订单，订单涉及的货物进入中农监管仓，产生区块链仓单，银行支付通道与大商城对接处理货款支付，资金在合作银行体系内循环，最终实现各方共赢的局面。

整个云平台基于IoT（Internet of Things，物联网）、Hyperledger Fabric联盟链、分布式微服务架构打造，结合IoT技术实现了资产数字化，通过数字资产在"生态圈"内进行价值传递，通过技术创新为蚕丝产业赋能。该平台实现了BaaS服务化，为各参与方提供了自动部署、在线编辑智能合约、在线接口配置、在线查询等服务。

借助IoT、区块链技术，中农网在其打造的电商平台上实现了资产数字化，让数字资产在产业链内传递价值，大大提升了蚕丝"生态圈"各参与方的生产力，优化了现有生产关系，让整个行业良性、高速发展。中农网平台蚕丝"生态圈"，如图4-11所示。

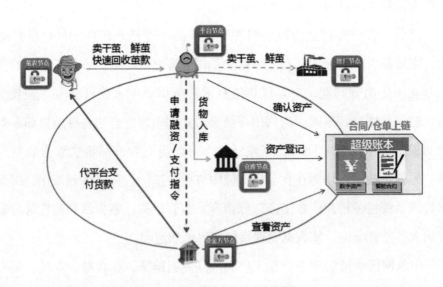

图4-11　中农网平台蚕丝"生态圈"

九、总结

与供应链关联多方主体、跨越时段长、涉及多个地理位置的特点相匹配，具备透明化、分布式记账以及智能合约等优点的区块链将为供应链注入"新鲜血液"。在公众越来越关心食品药品安全、关心产品真正价值、抵制假冒伪劣产品的当下，随着各企业在供应链领域不断探索，尽管区块链在供应链中的应用仍然处于初级阶段，但是其真正实现已经指日可待了。区块链在供应链中应用的推动力包括以下三点。

1.区块链的信息透明化可提高供应链上下游整体效率

使用区块链技术可使信息在供应链上下游企业之间公开。由此，需求变动等信息可实时反馈给链上的各个主体，各企业可以及时了解物流进展，以采取相应的措施。与VMI策略类似，这一做法增强了多方协作的可能性，实现信息可视化、流程优化和需求管理，提高了供应链的整体效率。

2.区块链不可篡改和透明化的特点降低了监管难度

供应链的任何一次交易都会被永久地记录在某个区块上，并在区块链上公开。无论是对假冒商品、不合格商品监督，还是在供应链上出现纠纷后举证和责任认定，相关部门介入的难度都会降低很多，使问题易于解决。

3.区块链追踪假冒伪劣商品的优势迎合了消费者的需求

目前基于互联网的产品销售模式已经比较成熟，但产品的质量问题一直是公众关心的热点话题，互联网平台的假冒伪劣商品也一直被消费者诟病。能做到供应链透明化、追踪假冒伪劣产品来源的企业，其产品必定受到公众广泛认可。

总之，区块链技术可有效解决供应链行业信息传递滞后、"敏捷性"低等问题，极大提高交易各方的信任度，有利于优化流程、提高预测准确性等。在技术方面，建立成体系的物联网是区块链技术与供应链结合的前提，因此自动化程度较高、标准化程度较高的行业、企业，可以率先应用区块链技术。同时，区块链技术与供应链金融的结合值得人们多加关注。"区块链+供应链"将会打造出一个安全可靠的供应链体系，政府、企业、消费者都将从这种全新的模式中受益。

第五节　"区块链＋著作权"

一、著作权领域基本概念

追溯版权和著作权两个词的来源，可以发现两者有较大不同。版权（Copyright）源于英美法系，从其英文词义可以看出，版权指的是法律上赋予的著作人可以防止其他人未经许可复制作品的权利。著作权（Author's right）源于大陆法系，强调的是作者对于作品拥有的权利，大陆法系将作品视为作者人格的延伸和精神的反映。从词义上理解，著作权的概念比版权的概念要更为广泛和更注重作者的人身权利。然而，随着世界各国交流增多与文化融合，法律上的概念也相互借鉴。从商业的角度来看，著作权实际上最主要的权利也就是对作品的复制、改编、发行等会产生商业利益的权利。因此，著作权和版权的概念逐渐融合。我国是采用大陆法系的国家，根据《中华人民共和国著作权法》第六章附则第五十七条的规定"本法所称的著作权即版权"，因此本书中所称的著作权和《中华人民共和国著作权法》中的概念一致。

著作权指的是作者对于其创作的作品拥有的权利，这里所说的作品可以分为以下八类：

（1）文字作品；

（2）口述作品；

（3）音乐、戏剧、曲艺、舞蹈、杂技艺术作品；

（4）美术、建筑作品；

（5）摄影作品；

（6）电影作品和以类似摄制电影的方法创作的作品；

（7）工程设计图、产品设计图、地图、示意图等图形作品和模型作品；

（8）计算机软件。

上述八类作品的著作权大致可以分成三种情况：

（1）实物著作权，包括实体的模型等；

（2）数字化产物的著作权，包括文字作品的电子版、音乐、电影、电子版照片等；

（3）非标准化物品的著作权，包括软件算法、数据等。

这里说的权利指的是作者因为其作品而拥有的人身权和财产权，具体包括：

（1）发表权，决定作品是否公之于众的权利；

（2）署名权，表明作者身份，在作品上署名的权利；

（3）修改权，修改或者授权他人修改作品的权利；

（4）保护作品完整权，保护作品不受歪曲、篡改的权利；

（5）复制权，以印刷、复印、拓印、录音、录像、翻录、翻拍等方式将作品制作一份或者多份的权利；

（6）发行权，以出售或者赠予方式向公众提供作品的原件或者复制件的权利；

（7）出租权，有偿许可他人临时使用电影作品和以类似摄制电影的方式创建的作品、计算机软件的权利，计算机软件不是出租的主要标的的情况除外；

（8）展览权，公开陈列美术作品、摄影作品的原件或者复制件的权利；

（9）表演权，公开表演作品，以及用各种手段公开播送作品的表演的权利；

（10）放映权，通过放映机、幻灯机等技术设备公开再现美术、摄影、电影和以类似摄制电影的方式创作的作品等的权利；

（11）广播权，以无线方式公开广播或者传播作品，以有线传播或者转播的方式向公众传播、广播的作品，以及通过扩音器或者其他传送符号、声音、图像的类似工具向公众传播、广播的作品的权利；

（12）信息网络传播权，以有线或者无线方式向公众提供作品，使公众可以在其个人选定的时间和地点获得作品的权利；

（13）摄制权，以摄制电影或者以类似摄制电影的方式将作品固定在载体上的权利；

（14）改编权，改编作品，创作出具有独创性的新作品的权利；

（15）翻译权，将作品从一种语言文字转换成另一种语言文字的权利；

（16）汇编权，将作品或者作品的片段通过选择或者编排，汇集成新作品的权利。

一般说来，著作权最初都是属于作者的，拥有著作权的作者可以依法转让上述权利。

二、著作权领域存在的问题

随着我国经济发展和人民生活水平提高，人们对精神享受的需求也逐渐提高，文学、美术、音乐、电影等作品的价值越来越受到人们关注。然而，也正因为好的作品背后往往潜藏着巨大的商业价值，一些人不怀好意地复制或者篡改他人作品用以发表以获得巨额利益的事件时有发生。

在互联网高度普及的当下，作品传播极为方便。然而，原创作品在网上传播时著作权被侵害的风险也显著增加。比如文字作品被恶意复制或不注明出处转载，音乐作品被未授权改编和使用等。据统计，截至2022年9月，"北大法宝诉讼案例库"中共有301 935起涉及著作权的案例。2017年9月，最高人民法院发布了《知识产权侵权司法大数据专题报告》，报告统计了2015年到2016年民事一审审结案件，知识产权侵权案件就有超过1.2万件，这其中著作权侵权案件占比超过50%，而这50%中有超过四分之三为侵害作品的信息网络传播权、放映权的案件。2018年初，全球最大音乐流媒体公司之一Spotify（声破天）遭到Wixen（威克森）公司起诉，控告其在未取得许可证、不支付费用的前提下，违规使用Wixen公司的数千首歌曲。

从众多著作权纠纷案件来看，目前著作权领域存在纠纷的关键原因主要有以下四个方面。

1.著作权意识不足

在我国，无论是作品的原创作者，还是作品的使用者，著作权意识仍然远远落后于欧美国家。以音乐作品为例，在21世纪初期，同一音乐作品在不同音乐播放平台上架的现象比比皆是，随着近几年著作权意识普及，音乐著作权纠纷诉讼案件增多，各音乐播放平台才慢慢开始重视著作权保护工作。

2.著作权登记成本较高

传统著作权登记方式费用高、周期长。对在互联网平台创作的作者而言，每次提交作品著作权登记所耗费的成本过高，很多原创作者因此都选择了不进行著作权登记。

3.举证困难

作品的剽窃者并不会主动承认抄袭，更多是采取不予回答或者拒不承认的态度。我国法律采用"谁主张谁举证"的原则，原创作者在维权时需要举出能够被法律认可的著作权证明。

4.维权程序复杂、费用高

当著作权受到侵犯时，原创作者启动法律程序进行维权往往需要花费很高的成本，并且维权手续复杂、审理周期长，许多原创作者在权衡利弊后最终都选择了放弃维权。

三、著作权领域的发展趋势

人民文化生活水平不断提高，也促进了中国文化产业发展。据统计，截至2021年12月，我国网络游戏用户规模达5.54亿、网络文学用户规模达5.02亿、网络直播用户规模达7.03亿、网络视频和网络音乐用户规模均达7.29亿。在当前"知识经济"的社会背景下，著作权的价值也得到了巨大提升。2021年，我国数字文化产业规模达7 841.6亿元。

著作权领域未来发展有以下四个趋势。

1.著作权意识增强，著作权价值提升

从近年来各类音乐类App对作品主动下架、对专辑收费等行为可以看

出，中国人的著作权意识已经有了较大改善，人们享受文化服务时候的付费意识已不断增强。根据《2021年度中国数字阅读报告》显示，2021年，中国数字阅读产业总体规模达415.7亿元人民币，增长率达18.23%，数字阅读用户规模达5.06亿，人均电子书阅读量为11.58本。用户的著作权付费意识显著增强，给作品的著作权带来了巨大的价值。

2.立法逐渐完善，保障作者权利

1980年，中国正式成为世界知识产权组织的第90个成员国。自此之后，《商标法》《专利法》《著作权法》先后出台，知识产权的相关制度也在日趋完善。《著作权法》自从颁发以来，历经了三次修正。2021年6月1日，第三次修改的《著作权法》正式实施，这对我国著作权事业发展具有里程碑意义。新修改的《著作权法》立足于保护权利、鼓励创作、促进传播和平衡利益的原则，积极回应了经济社会发展新需要和社会公众新期待，为维护著作权秩序、提升著作权治理效能、促进社会主义文化和科学事业的发展与繁荣提供了重要的法律支撑。

3.著作权保护合作国际化

目前，各个国家对网络信息保护的力度各不相同。随着互联网等信息技术进一步发展，网络信息互通、联系进一步增强，跨国著作权纠纷时有发生，各国在著作权保护方面的沟通、共识亟待增强。各国在著作权保护之间的合作，有望通过建立国际组织、完善司法条款、达成国际公约等方式进行。

4.著作权保护手段技术化

在过去，著作权保护往往依赖于事后处理，如发现侵权事件后，当事人提出诉讼等。在互联网时代，更多信息在网络上发布，随着科技发展，在未来将有更多技术手段，使得信息一旦在网络上发布，其复制、传播等即会受到权限限制，从技术上保障作者的权益。

四、"区块链＋著作权"的可行性分析

根据中国版权协会发布的《2021年中国网络文学版权保护与发展报告》，2021年，中国网络文学盗版损失规模为62亿元，同比上升2.8%。盗版平台整体月度活跃用户量为4 371万，占在线阅读用户量的14.1%，月度人均启动次数约50次。多数网络文学平台每年有80%以上的作品被盗版；82.6%的网络作家深受盗版侵害，其中频繁经历盗版的作家的比例超过四成。

由此看出，极易被复制、抄袭的网络文学领域是著作权利益损失的重灾区。每年因为盗版而造成的损失正说明了著作权保护问题的严峻形势。然而，传统的著作权保护手段非常有限。

区块链技术可对解决著作权保护问题有所帮助，以下主要从两个方面进行分析。

1.社会因素

（1）政府部门支持。中央网络安全和信息化委员会办公室、文化和旅游部等文化产业相关职能部门公开倡导在著作权领域应用区块链，认为区块链在知识产权保护领域会有很广的应用前景。中国版权保护中心张建东主任表示："利用区块链技术可以可信地记录版权内容生产、传播和消费的每一个环节，形成完整的版权证据链，并可公开查证，确保了版权内容在流通过程中权属清晰、可信。"政府部门对区块链在著作权领域应用大力支持，将会对"区块链＋著作权"的落地起到巨大的推动作用。

（2）社会大众观念进步。如前所述，社会大众对于文字、音乐等作品的

著作权观念已经有了很大的提升，并且愿意在使用著作权时付费。社会大众的著作权观念进步是社会进步的一种体现，用公有链的形式进行著作权登记认定，符合社会大众的著作权观。

2.技术因素

（1）信息不可篡改。对于原创作品的登记工作，区块链技术可以非常方便地把时间戳与作者信息、原创内容等元数据一起打包存储到区块链上。它打破了现在的从单点进入数据中心进行注册登记的模式，可以实现多点进入，方便快捷。区块链可作为有时间戳信息的分布式数据库来记录知识产权所有权情况，提供不可篡改的跟踪记录。

（2）验证使用权利。区块链技术大量使用加密技术，著作权持有者在把作品写入区块链时，自动用自己的私钥对作品进行数字签名，第三方可以用著作权持有者的公钥对数据签名进行验证，如果作品的数字签名值验证通过，则表明此作品确实是著作权持有者所有，因为只有著作权持有者才有私钥能生产该签名值。通过智能合约，作品的用户便可向作品的著作权所有人自动支付费用。

（3）追溯交易记录。区块链不可篡改的特性可以完整记录作品的所有变化过程，有利于实现著作权交易透明化，所有涉及著作权的使用和交易环节，区块链都可以记录使用和交易痕迹，并且可以追溯整个过程，直至源头的著作权痕迹。区块链记录的著作权信息是不可逆且不可篡改的，公开、透明、可追溯、无法篡改，保证了信息是真实的、可信的。

五、"区块链+著作权"的场景分析

1.实物类产品著作权

这一类产品主要在线下进行操作，信息需要经历上链的过程，如先为原创内容生产者发放证明，再在区块链上记录证明信息。但这一行为对企业的公信力要求较高，并且由于成本高、信任度不足等原因，容易引起纠纷。

因此，引入政府部门或者有高信用背书的公司来维护这样的系统，也许是一种解决方案。但是如果引入权威性的著作权认证保护，比如政府的著作权认证机构，那其实只是实现了实物类产品著作权保护的互联网化、提升办公效率，本质上与提供一个存储认证信息的数据库相同。这种做法的优点在于政府部门使用新技术记录这些信息，公开透明，可追溯，方便司法举证，减少著作权纠纷。

2.数字化产品著作权

现有互联网上的内容，通常都是由第三方平台进行分发的。第三方平台通过聚合大量内容创作者获取用户，在形成垄断后开始大规模盈利，而搭建该平台的众多参与方，并没有得到相应的最大价值回报，第三方平台主导着价值分配并拿走了大部分利润。同时，由于第三方平台方掌握了数据主导权，用户的数据和隐私得不到保障，广告主花费了大量的费用投放广告也缺乏真实可信的数据证明效果。

著作权对应的文字、音乐、美术、摄影等作品较容易上链，在区块链著作权平台提交的作品会和作者信息等数据生成区块，并且被打上对应的时间戳，著作权后续转让也会带上时间戳的证明，这对于确认著作权所属是极为方便的。音乐、视频、文章内容这些属于可以在线消费并且完全记录的数字化产品，比较适合用区块链技术来保护著作权。内容生产者可以设置相应的权限，比如用户只能看，不能下载、复制等，就可以保证用户不可以随意保存并在其他渠道传播原创作品。这可以比较好地保证内容生产者创作的原创作品在链上的唯一性。

除此之外，区块链技术可以激发内容生产者的创作热情。依托于区块链公开、透明、不可篡改的公开账本，记录时间戳，内容生产者创作内容的唯一性、原创性将会得到保护。这种完全去中心化的形式，让内容生产者摆脱了对中间商或者平台的依赖，将个体内容价值100%返还给内容生产者，最大化地激发内容生产者的创作热情。内容生产者可以通过生产内容创造价值，内容消费者可以通过转发、点赞、评论、投资等形式创造价值，实现价值自由流通。

区块链可以提供涉及内容著作权智能合约的一整套自成体系的智能合约，当内容生产者在平台发布原创内容后，系统将自动核定内容生产者的原创著作权；当其他用户想要查看原文时，通过协议约定好的价格进行支付，支付后就可以看。原创内容所获得的收益百分之百地返还给内容生产者，这就形成了一个良好的闭环，鼓励内容生产者创作优质的内容。当内容消费者把好的内容分享后，有人付费查看进而产生收益，该收益也可以根据智能合约进行自动利益分配。整个过程是自动执行的，不需要人为参与，大大提高了效率。

3.非标准化产品著作权

随着计算机技术发展，目前有很多著作权作品是非标准化的数据，如一些用户数据、算法等，这些信息有着很强的数据属性，可以很容易地被复制和传播。从卖家的角度来看，如何保证数据在售卖后不被滥用（如复制数据后，要求退回交易款项）；从买家的角度来看，如何避免卖家把同一份数据售卖给多个用户等，都是需要解决的问题。

区块链为这些问题提供了可行的解决方案。有一个需要解决的问题就是，如何确保交易的标的确实是交易双方需要的。这个问题可通过"零知识证明""同态加密"等技术来解决。

"零知识证明"技术可在避免信息内容泄露的情况下，确保信息是符合某种要求的。假设买家A需要某项数据，而卖家B可以提供。在这种情况下，可以设计某一验证问题，使得仅有掌握真实数据的B可提供正确答案，而在这过程中A仍无法知道具体数据。如果B通过了验证，则说明B的数据是符合A的要求的。应用区块链的智能合约技术，B的数据包可直接发送给A，A的费用也会直接转到B的账户中。这样就能保证双方的利益，A得到了数据，B获得收益。这样既可以避免买家A欺诈、退款的风险，又可以保证交易过程中数据的保密性。

"同态加密"技术可以保证保密信息在经过加工、解密后，仍保留了加工过程中发生的变化。这一技术可应用于受保护内容的交易、处理等流程。

在现实生活中，非标准化的产品著作权需要一个被普遍认可的交易规则以降低交易成本。未来，先要做到把非标准化的产品著作权进行标准化，然后再把这些标准的规则写入智能合约，最后通过区块链技术完成交易过程。

六、"区块链+著作权"的优势

很多行业都在尝试运用区块链技术提高效率。在著作权的登记和确权领域，应用区块链技术有以下四个优势。

1.提高著作权登记效率，降低著作权登记成本

传统的著作权登记手续较为烦琐，需要作者提供身份信息以及相关资料。在作品提交登记后，政府部门的审核周期较长。对一些互联网的文字原创作者而言，著作权登记的价格也偏高。如果能够运用区块链技术进行作品著作权登记，用户只需要在区块链上自己提交作品以及基本信息，平台就会根据加密算法生成作品的数字身份ID，这个ID包含了作品内容、作者信息、提交时间等信息。这个操作会被写入区块，并被全网的节点永久保存。著作权转让即在链上完成作品对应的数字身份ID转让。这样不仅提高了原创作品的著作权登记效率，也降低了著作权登记的成本，著作权转让手续也因为全部流程数字化而变得更简单了。

2.提高文化企业价值，帮助文化企业融资

在区块链上进行著作权登记，可以方便作者提交作品著作权登记信息。然而，对于有些需要投入较大心力创作并且需要精心宣传、发行的作品，比如漫画、音乐作品等，作者往往花费大量精力创作作品，因此需要把作品的宣传和发行工作交给专业的文化企业去负责。文化企业往往都会购买作品的著作权并加以运作。在区块链上对原创作品进行确权，既有利于帮助人们树立著作权意识，也有利于提高社会对文化企业著作权价值的认可度，从而提升企业价值。另外，对固定资产较少的文化企业而言，企业拥有的著作权的价值能够得到确认，有利于金融机构正确评估企业资产，从而便于文化企业融资。

3.消除平台费用，营造全民著作权意识

区块链上的著作权登记必将以公有链的形式进行。对于一些体量小的作品，例如文字或图片，作者可以直接在区块链上登记并广播，区块链上的用

户都能获得作品的相关信息，然后决定是否购买作品。这是基于区块链去中心化的特点，不需要平台进行推广，消除了平台费用。

公有链的形式也可以增强人们的原创意识，提高人们对著作权的认可度。著作权纠纷的结果可以通过广播发布给区块链上的用户，加大对抄袭者的曝光力度，形成一种人人自律的良好氛围。

4.方便司法举证，减少著作权纠纷

基于公有链上的著作权平台，无论是作者提交作品还是后续交易，均有相应的时间戳证明，并在链上公开。当出现著作权纠纷等情况时，作者可以根据著作权的数字身份ID进行追溯，调取作品著作权的历史交易信息，就可以轻松举证。在公开透明的公有链著作权平台上，著作权的纠纷会比较容易解决。

七、"区块链+著作权"的阻碍和限制

区块链具备时间戳的特性极大方便了著作权登记和确权。不过，从目前已有的项目来看，用区块链来减少著作权纠纷的尝试，仍然有一些限制。

1.认证平台互通

目前国内外均有从事区块链著作权认证的相关企业。著作权作者往往需要在不同的平台上登记信息。假设作品的实际作者在A平台提交了著作权登记信息，而侵权者则在B平台上提交了该作品的著作权登记信息，就容易造成著作权纠纷。根据提交时间的先后顺序，各个平台可以判断著作权真正的归属。但是各个平台间的信息交流有可能降低著作权登记和确权的效率，因此需要通过如"侧链"等技术提高各个平台间信息交流的效率，或构建一个

唯一的著作权认证平台。

2.防侵权技术的局限性

区块链技术可以在著作权信息登记后，提供不可篡改著作权信息，便于维权、取证。然而，在防止电子信息流变、盗用（如绘画作品改动后重复使用，文字作品复制、粘贴等）方面，目前尚未有完善的技术解决方案。如何结合图像识别、复制检测等技术，迅速确认作者的作品著作权登记信息，还有待进一步研究。

3.法律认可和保护

区块链技术发展时间还比较短，与区块链相关的法律法规也并不多。作者在区块链上进行著作权登记、确权，最重要的一点是需要完善相关法律法规，使得作者在链上登记的著作权信息得到法律认可和保护。

八、应用案例

国外的Monegraph（货币化图形）、Binded（绑定）等，以及国内的亿书、纸贵科技、原本等创业公司均以区块链著作权为主攻方向。

1.Binded

Binded公司原名Blockai（人工智能区块），该公司位于美国旧金山。Binded希望通过在区块链上记录永久有效的著作权来方便内容创作者保护自己的知识产权。Binded目前的服务对象主要是艺术家、摄影师和其他艺术工作者。Binded的CEO内森·兰德斯（Nathan Lands）曾表示，他计划通过人工智能来为有著作权的作品创建独特的"指纹"来保护著作权，并确保艺术家获得应得的报酬。

兰德斯认为和直接在版权局登记相比，在Binded登记著作权花费的费用和时间都更少，而且能够创建一种独立的、存在法律效力的记录。Binded的著作权注册永久免费，在Binded平台上，作者只需要一些简单的操作就可以进行作品的著作权登记，并获得对应的著作权证书。

对于Binded提供的著作权证书的法律效力问题，兰德斯坦白承认目前还不具备法律效力。他说："我们相信Binded在区块链上建立的记录会被法庭认可。况且，你完全有可能根本不用上法庭，因为一份著作权证书比一份截图要严肃得多。区块链是提供所有权证明的完美方案，一旦记录被创建，就永久存在，不会更改。"

兰德斯提到，数字著作权管理会限制作品在媒体间传播，他在游戏行业中的经验使他坚信"严格的数字著作权管理根本不适用于图片著作权管理"。

他说："未来理想的系统是用全球化的数据库来证明著作权和收取著作权使用费，这样就可以用最简单的方法达到最好的效果。"

2.纸贵

西安纸贵互联网科技公司（以下简称"纸贵科技"）成立于2016年，致力于通过区块链重塑著作权价值，打造可信任的著作权数据库以及数字化著作权资产交易平台，并提供侵权检测、法律维权、IP（Intellectual Property，知识产权）"孵化"等相关服务。纸贵科技拥有自主知识产权的企业级联盟链解决方案，能够基于自主开发的联盟链底层技术，提供定制化的企业级区块链解决方案、区块链存证、供应链管理及溯源。

纸贵科技自成立以来，得到政府与学术机构大力支持，建立起完整的产品体系，提供确权、维权、IP"孵化"和BaaS四大板块著作权服务，著作权登记量突破30万件，其中包括贾平凹、潘朴、韩鲁华等文学家的原创作品。

2018年3月，纸贵科技获得了数千万元的A轮融资。纸贵科技创建了区块链著作权线上登记系统、24小时在线侵权检测系统等。用户发起区块链著作权登记申请，实名认证，然后提交作品，审核通过后，会产生数据并写入区块链，生成证书，用户可自行下载纸贵科技提供的著作权证书。纸贵科技提供的著作权服务，如图4-12所示。

图4-12　纸贵科技提供的著作权服务

九、总结

著作权保护不仅是尊重原创作者和保护作者权利的体现，更是社会进步的象征。在政府部门积极推动著作权保护、诸多"区块链+著作权"应用项目落地、公众著作权意识不断提高的当下，区块链技术在著作权保护领域大有可为。两者结合或将具有以下特点。

1.记录著作权是可快速落地的区块链应用

目前，区块链技术可实现记录著作权，可作为被侵权后维权的取证渠道。但是，区块链技术目前还无法实现完全保护著作权，完善的解决方案仍有待进一步探索。

2.认证平台互通

单一的区块链系统可方便地进行著作权维护和追溯。但是如果A用户把B用户的内容放在其他区块链平台进行著作权登记，则容易造成纠纷。因此，各个区块链著作权平台需要加强统一认证、标记、识别，或构建唯一的著作权认证平台，以提高维权效率。

3.非标准化的著作权认证有待发展

对于非标准化的作品，比如算法、数据等的著作权，目前可以通过零知识证明等加密方法来保证其可以被交易。但是要做到这点，需要保证规则标准化，这还需要逐步实现。

4.区块链可以促进优质内容产出

通过区块链技术实现去中心化，打破第三方平台对著作权的垄断，让著作权真正属于内容生产者，从而让内容生产者有更多的收益，可以提高内容生产者生产优质内容的积极性。

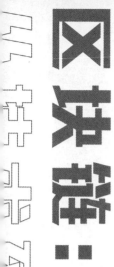

第五章

区块链产业发展现状

目前，随着数字经济发展，区块链技术的应用领域不断扩展，在政策、产业、技术等方面都迎来了发展良机。

1.各类政策相继出台，营造良好发展环境

2016年12月，国务院印发《"十三五"国家信息化规划》，将区块链纳入新技术领域并进行前沿布局，标志着党中央、国务院开始推动区块链技术和应用发展。2018年5月，习近平总书记在"两院院士大会"期间的讲话中明确提出区块链正在加速突破应用，这一重要论断标志着区块链技术和应用发展进入新阶段。各级政府都在积极推动区块链的应用与产业的发展。据不完全统计，各级政府出台了40多项扶持区块链应用的政策和措施。党中央、国务院和各级政府重视区块链技术，为区块链技术和产业发展创造了良好的政策环境。

2.数字经济加快发展，创造了广阔的市场空间

数字经济对加速经济发展、提高劳动生产率、培育新市场和产业新增长点、实现包容性增长和可持续增长具有重要作用。党的十八大以来，以习近平同志为核心的党中央高度重视发展数字经济，将其上升为国家战略。

据相关研究统计，我国2021年数字经济规模已达45.5万亿元，对国民经济的贡献显著增强，成为引领经济增长的新引擎。这为区块链技术与应用开辟了广阔的市场发展空间。

3.相关技术创新加快发展，奠定坚实的基础

目前，各行业都认识到区块链技术在业务模式创新、业务流程优化等方面的巨大潜力，进一步加大区块链技术和应用研发。底层平台、共识算法、新型分布式存储机制、隐私保护机制、智能合约等技术与产品研发不断取得突破，一批优秀的国内企业研发的底层平台及相关技术成果涌现出来。

区块链技术不断取得重大进展，但由于自身的发展阶段以及一些外部原因，区块链技术的应用仍面临五大挑战。

（1）公众对区块链的认识水平还有待提高。首先，公众常常把区块链和比特币、以太币等各种虚拟货币混为一谈，而随着各种虚拟货币的合法性受到质疑，区块链产业也因此受到了质疑。其次，区块链存在着过度炒作、盲目夸大等现象。区块链作为一种新兴的底层技术，被普遍认为可以应用于多种业务场景，从而创造出丰富的价值，但盲目地夸大区块链的功能，不仅浪费了社会资源，而且也不利于行业的发展。为了规范区块链行业发展，区块链行业一方面要加大技术研发力度，拓展应用场景，另一方面要加强区块链知识宣传普及，帮助公众正确认识区块链。

（2）人们对区块链应用存在着误解和担忧。目前，全球区块链项目良莠不齐，虚假项目、夸大宣传、概念炒作层出不穷，如何有效监管区块链应用成为各国政府关注的焦点。近年来，许多区块链项目以区块链的非中心化、防篡改、建立信任共识为卖点，大肆宣传以吸引投资者，但背后的技术风险以及监管缺失，往往会给投资者造成难以弥补的损失。区块链作为一种新兴技术，在系统稳定性、应用安全性、业务模式等方面尚不成熟。区块链项目参与门槛并不高，使得市场投机氛围严重。部分投资人并不关心区块链项目方的背景，也不关心项目是否真实，只关心能否通过区块链概念炒作创造升

值空间，导致区块链行业乱象丛生。如何在加强风险控制的同时保护区块链技术创新，无论是从外部监管的角度还是从内部审计的角度看，都是一项具有挑战性的工作。如何有效地将区块链商业应用与监管机制相结合是政府部门需要考虑的问题。

（3）区块链技术的成熟度有待进一步提高，其理论研究有待加强。区块链是计算机与网络技术融合应用的一种全新模式，在性能、安全性、隐私保护、治理、跨链互操作等方面尚不成熟，现有应用多数仍处于研究开发与探索阶段。只有以共识机制、智能合约、跨链技术等为代表的核心技术不断创新和优化，才能不断拓展区块链的应用范围。此外，区块链是起源于实际应用的技术，长期以来主要依靠产业界的投入，高校和科研机构的参与程度普遍较低。区块链的基础理论研究工作如何跟上产业发展的步伐，将成为未来一段时期内的研究发展重点之一。

中国区块链技术发明与专利区域分布，如图5-1所示。

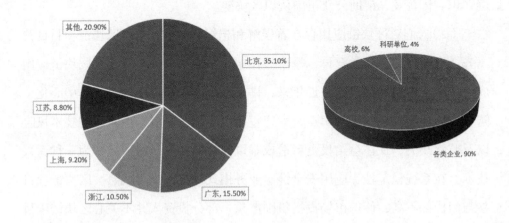

图5-1　中国区块链技术发明与专利区域分布

（4）现有的应用场景有待进一步拓展。虽然区块链在达沃斯世界经济论坛上被列为"第四次工业革命"的技术基础之一，被誉为是一项具有革命性意义的技术，但实际上，它的应用场景并不丰富。目前，区块链主要应用于对账、清算结算和存证等领域，其应用领域还有待进一步拓展。同时，也出现了一些应用区块链来改造传统中心化基础设施的项目，这些项目往往成本高于收益。针对这些问题，业界需要在不断提升现有技术性能的同时，挖掘区块链的潜在优势，持续拓展应用场景。

区块链各应用场景占比，如图5-2所示。

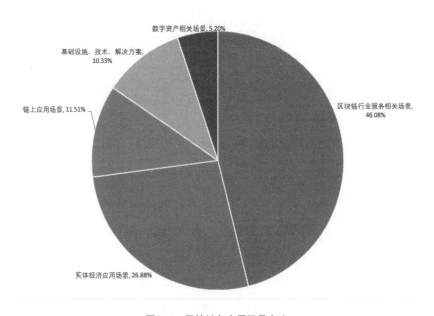

图5-2　区块链各应用场景占比

（5）区块链行业迅速发展，带来了对"标准化"日益迫切的需求。目前区块链与分布式记账技术处于技术高速发展期，各应用场景和企业缺乏核心理念以及基本的技术共识，造成了区块链行业发展呈现出"碎片化"的趋势。区块链应用开发与部署缺乏标准化指导，更缺乏安全性、可靠性、互操作性等评估手段，这对区块链产品及服务质量有很大影响。要解决这些挑战，需要通过开展标准化工作来帮助各国家、各行业达成共识，解决行业共同面临的挑战，进一步分享技术与经验，为大规模应用区块链奠定基础。

第一节　区块链相关产业政策现状

区块链作为一项极具发展潜力的新兴技术，无论是在国内还是在国外，人们都对其表现出了极大的热情。无论是国家政策，还是各地的具体扶持措施，都在积极引导和推动区块链行业发展。对企业和个人而言，关注政策动向，积极参与，才能更好地把握时代机遇。

2016年10月，工业和信息化部发布《中国区块链技术和应用发展白皮书（2016）》，全面阐述国内外区块链发展现状、典型应用场景及应用分析，提出中国区块链技术发展路线图及区块链标准化路线图，提出相关政策、应用建议等。

2016年12月，国务院印发《"十三五"国家信息化规划》，要求"在重大任务和重点工程方面，加强物联网、云计算、大数据、人工智能、机器深度学习、区块链、基因编辑等新技术基础研发和前沿布局，构筑新赛场先发主导优势"。

2017年8月，国务院印发《关于进一步扩大和升级信息消费持续释放内需潜力的指导意见》，提出"推动信息技术服务企业提升'互联网+'环境下的综合集成服务能力。鼓励利用开源代码开发个性化软件，开展基于区块链、人工智能等新技术的试点应用"。

2018年6月，工业和信息化部发布《工业互联网发展行动计划（2018—2020年）》，提出"开展工业互联网关键核心技术研发和产品研制，推进边缘计算、深度学习、增强现实、虚拟现实、区块链等新兴前沿技术在工业互联网的应用研究"。

2019年1月，国家互联网信息办公室发布《区块链信息服务管理规定》，明确区块链信息服务提供者的信息安全管理责任，规范和促进区块链技术及相关服务健康发展，规避区块链信息服务安全风险，为区块链信息服务的提供、使用、管理等事宜提供有效的法律依据。

2020年1月，国务院办公厅印发《关于支持国家级新区深化改革创新加快推动高质量发展的指导意见》，提出"加快推动区块链技术和产业创新发展，探索'区块链+'模式，促进区块链和实体经济深度融合"。

2020年11月，文化和旅游部发布《关于推动数字文化产业高质量发展的意见》，提出"支持5G、大数据、云计算、人工智能、物联网、区块链等在文化产业领域的集成应用和创新，建设一批文化产业数字化应用场景"。

2021年3月，《中华人民共和国国民经济和社会发展第十四个五年规划和2035年远景目标纲要》发布，提出"加快推动数字产业化，培育壮大人工智能、大数据、区块链、云计算、网络安全等新兴数字产业，提升通信设备、核心电子元器件、关键软件等产业水平"。

2021年6月，工业和信息化部、中央网络安全和信息化委员会办公室发布了《关于加快推动区块链技术应用和产业发展的指导意见》，明确"到2025年，区块链产业综合实力达到世界先进水平，产业初具规模。区块链应用渗透到经济社会多个领域，在产品溯源、数据流通、供应链管理等领域培育一批知名产品，形成场景化示范应用"。

2021年10月，中共中央、国务院印发了《国家标准化发展纲要》，要求"强化标准在计量量子化、检验检测智能化、认证市场化、认可全球化中的作用，通过人工智能、大数据、区块链等新一代信息技术的综合应用，完善质量治理，促进质量提升"。

2021年11月，工业和信息化部发布《"十四五"信息通信行业发展规划》，强调"建设区块链基础设施，通过加强区块链基础设施建设增强区块链的服务和赋能能力，更好地发挥区块链作为基础设施的作用和功能，为技术和产业变革提供创新动力"。

2022年4月，中共中央、国务院印发了《关于加快建设全国统一大市场的意见》，要求"强化标准验证、实施、监督，健全现代流通、大数据、人工智能、区块链、第五代移动通信（5G）、物联网、储能等领域标准体系"。

2022年5月，国务院印发了《扎实稳住经济的一揽子政策措施》，"鼓励平台企业加快人工智能、云计算、区块链、操作系统、处理器等领域技术研发突破"。

第二节　区块链技术发展现状

一、技术发展路径

20世纪80年代，随着会计信息化发展，账本实现了电子化，极大地提高了记账效率，账本演变为新型的事务记录载体，例如交易信息、财务往来、征信数据等。同时，数据一致性、防篡改面临新的挑战。区块链出现后，由于其具备分布式、防伪造、防篡改、可追溯等优势，引发了业界对传统记账技术的新思考，衍生出新型的记账方式——分布式记账以及分布式记账技术。账本、分布式账本、分布式记账技术、区块链技术的关系，如图5-3所示。

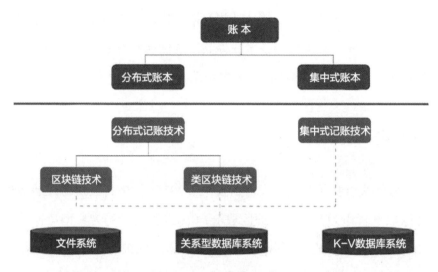

图5-3 账本、分布式账本、分布式记账技术、区块链技术的关系

分布式账本是指能够以分布式的方式共享与同步的账本，分布式记账技术是"赋能"分布式账本运营和使用的技术。分布式记账技术以文件系统和数据库系统为基础，与传统的集中记账技术相同。但是，在账本构建与应用方面，分布式记账技术注重共识机制、智能合约、加密算法等应用，可以按照去中心化、多中心化的技术架构实现账本共享与同步。

分布式账本是区块链的四大核心技术之一，如果说加密算法是区块链的基础，那么分布式账本就是区块链的骨架。具体地说，区块链技术可以把账本数据打包成区块，利用加密算法组织成链状数据结构，在系统内确认和验证，从而实现防伪造、防篡改、可追溯等功能。

近年来，区块链技术不断发展和演变，各种共识机制、隐私保护、跨链等新技术层出不穷。在区块链应用启发下，新的分布式记账技术也相继出现，人们一般称之为类区块链技术。类区块链技术和区块链技术最大的不同之处在于：类区块链技术不依赖块链式数据结构，可以直接记录在账本上，不需要打包成区块。类区块链技术在提高系统性能和吞吐量方面做了大量探索，但是在安全性、应用成熟度等方面仍然存在较大的挑战。

二、区块链系统架构

《中国区块链技术和应用发展白皮书（2016）》中将区块链发展演进路径分为以数字货币为典型特征的区块链1.0和以智能合约为典型特征的区块链2.0。区块链技术与应用不断演变，至今尚未形成被广泛接受的区块链3.0形态。2017年5月，中国区块链技术和产业发展论坛发布了《区块链 参考架构》团体标准，对统一区块链系统架构的认识发挥了重要作用；2017年11月，国际标准ISO 23257《区块链和分布式记账技术 参考架构》项目正式启动，在《区块链 参考架构》团体标准的核心内容基础上构建了国际标准的区块链系统架构。

分层框架的五层分别是基础层、平台层、 API（Application Program Interface，应用程序界面）层、用户层和外部交互层。跨层功能是指跨越各层的功能，包括开发、运营、安全、监管和审计。该系统架构在原有区块链基础技术的基础架构上补充了区块链系统与外部程序、用户、数据的交互与接口管理，并注重区块链全生命周期开发与运营管理，强调区块链系统各实现层的安全、监管和审计管理，为区块链系统实现提供框架指导。

基础层包含存储资源、计算资源和网络资源，提供区块链系统需要的运行环境。

平台层支持包括安全代码执行环境与智能合约、账本记录、事务系统、成员管理、状态管理、共识机制、事件分发、加密服务、安全的点对点通信机制在内的具体功能。

API层通过调用平台层的功能组件为应用程序、用户和外部系统提供可靠、高效访问区块链的能力，还提供统一的访问和节点管理功能。

用户层包含用户应用和管理应用，该层是面向用户的入口。通过该入口，使用服务的用户可以与区块链功能、区块链系统运营者交互。用户层也可与其他层通信，提供对跨层功能的支持。

外部交互层包含预言机、非原生应用程序以及链外数据三类服务，可以实现与区块链系统外部进行通信的功能。

随着人们对区块链系统及技术理解逐渐深入，逐渐达成了以功能组件为基础的分层框架形式的区块链系统功能架构，如图5-4所示。

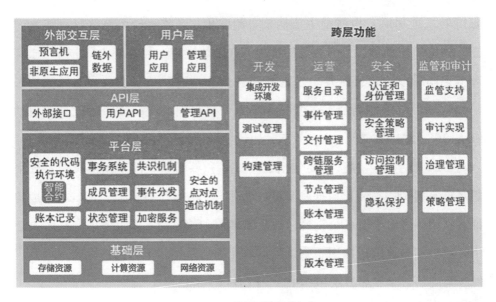

图5-4　区块链系统功能架构

三、核心技术发展情况

《中国区块链技术和应用发展白皮书（2016）》中总结了共识机制、数据存储、网络协议、加密算法、隐私保护和智能合约六类核心技术。自2016年以来，产业界和学术界持续加大对区块链相关技术的研究力度，六类核心技术不断取得突破，尤其是数据存储、共识机制、智能合约、隐私保护等技术发展活跃，跨链、分片等技术也取得了长足进展，成为新的核心技术方向。安全技术是区块链技术的基础，它保证了区块链数据的一致性，并且确保了参与者身份的安全性。

1.安全技术

区块链涉及的安全技术包含数字摘要算法、数字签名算法、加密算法等。

（1）数字摘要算法可以把任意长度的二进制明文映射为较短的、固定长度的二进制值，也就是生成摘要（哈希值）。数字摘要算法具有输入敏感、输出快速轻量、逆向困难的特性。在区块链中，数字摘要算法可用于实现数据防篡改、连接区块、快速比对验证等功能。数字摘要算法还应用在消息认证、数字签名及签名验签等场景中。目前主流的数字摘要算法包括SHA-256、SM3等。

（2）数字签名算法主要包括数字签名和签名验签两项具体操作，数字签名指签名者用私钥对信息原文进行处理，生成数字签名值；签名验签指验证者利用签名者公开的公钥针对数字签名值和信息原文验证签名。在区块链中，数字签名算法可以用于确认数据单元的完整性、不可伪造性和不可否认性。常用的数字签名算法包括RSA、ECDSA、SM2等。

（3）根据加密密钥和解密密钥是否相同，加密算法可以分为对称加密算法和非对称加密算法。对称加密算法中两个密钥相同，并且加解密操作速度相对较快，一般用于普通数据加密保护，主流的对称加密算法包括AES、SM4等；非对称加密算法的解密密钥是由解密者持有的，加密密钥是公开可见的，几乎无法从加密密钥推导出解密密钥，能够节约系统中密钥存储空间，一般用于对称密钥的封装保护和短数据加密，主流的非对称加密算法包括RSA、SM2等。在区块链中，非对称密钥算法可用于数字签名、地址生成、交易回溯和交易验证等。在区块链网络系统中，密钥有效保护和受限使用对整个系统的安全性有着重要影响。在公有链场景中，用户密钥通常通过区块链客户端程序保存、管理和操作等。联盟链或私有链通常会有更复杂、多层级的用户管理和密钥托管的需求，包括身份鉴别和权限管理等。

2.隐私保护技术

区块链的数据组织采用了更为公开的分布式存储方式，因此在具体应用场景中隐私保护就显得尤为重要。区块链系统中隐私保护的目标包含"身份的隐私性"和"数据的机密性"两个方面，前者主要是保护区块链参与者的身份，后者主要是保护记录内容、合约逻辑等数据。隐私保护涉及的技术有环签名、同态加密、零知识证明和安全多方计算等。

（1）环签名允许一个成员代表一个群组进行签名而不泄露签名者信息，可以实现签名者完全匿名。环签名在匿名电子选举、电子政务、电子现金系统、密钥管理中的密钥分配、匿名身份认证以及多方安全计算等领域都有广泛应用。区块链交易发起者可以利用环签名在一定范围内隐藏自己的签名公钥，进而实现身份的隐私性保护。

（2）同态加密除了可以进行一般加密操作外，还能够实现直接对密文计算操作，对密文计算操作后获得的密文结果，解密后与对明文计算操作获得的明文结果一致。同态加密在云计算和外包计算等场景中具有重要意义。在区块链智能合约中，人们可以借助同态加密，直接对密文进行处理，无须泄露明文，从而保证数据的机密性。同态加密算法通常分为加法同态加密算法、乘法同态加密算法、全同态加密算法等，其中加法同态加密算法已应用于一些区块链项目中，乘法同态加密算法、全同态加密算法在区块链中的应用还在研究中。

（3）零知识证明是指一方（证明者）向另一方（验证者）证明某个事实的论断，同时不透露关于该事实的其他信息的方法。在区块链中，零知识证明用来保证交易发起者计算的密文等信息具有正确的数据结构，从而在提供密文中私密信息机密性保障的前提下，使验证者确定证明者确实拥有该私密信息。

（4）安全多方计算能够提供协同计算功能，同时保证数据的隐私性。在计算过程中，安全多方计算的操作逻辑是公开的，参与者不需要泄露数据，只需要正确地执行操作逻辑就可以得到最终的结果。在计算正确性和去中心化方面，安全多方计算与区块链高度契合，安全多方计算具备的输入隐私性可以有效保护区块链中的交易各方数据的机密性。

3.跨链技术

跨链技术泛指在两个或多个不同区块链上的资产和状态通过特定的可信机制互相转移、传递和交换的技术。随着区块链底层平台多元化发展，区块链项目数量迅速增加，多链并行、多链互通逐渐成为区块链未来的发展趋势。跨链通信与数据交互日益重要，特别是区块链网络间数据传递以及智能合约的可移植性等方面技术亟待开发。如何提高可扩展性和执行效率，确保跨区块链网络间的数据一致性以及在数据不一致时达成共识，成为跨链技术的发展重点。

跨链技术可分为同构链技术和异构链技术两种。同构链技术比较容易实现跨链交互，而异构链跨链技术实现跨链交互的难度比较大。目前主流的跨链技术包括公证人机制、侧链/中继、哈希锁定、分布式私钥控制等。

总体来说，当前跨链技术成熟度还较低，现有的跨链技术主要集中在解决可用性的问题上，跨链的易用性、可扩展性和安全性等方面有待进一步研究。基于技术发展现状分析，跨链技术的发展重点包括加快交易速度、减轻主链负担、开发多链并行处理计算、支持海量交易、提高安全性、增强隐私保护等。

4.分片技术

分片技术本身属于一种传统数据库技术，以前主要用于把大型数据库分割成更小、更快、更容易管理的数据碎片。在区块链中，区块链网络可以被划分成很多更小的部分，即"分片处理"，每一个小网络只需要运行一个更小范围的共识协议，对交易或事务进行单独处理和验证，从而大大减少了冗余计算，提高了效率。

目前正在探索中的分片技术主要有三类：网络分片、交易分片和状态分片。

（1）网络分片是利用随机函数随机抽取节点形成分片，从而支持更大规模的共识节点。

（2）交易分片分为同账本分片和跨账本分片，其主要思想是确保"双花"交易在相同的分片中或在跨分片通信后得到验证。

（3）状态分片的关键是将整个存储区分割开来，使不同的碎片存储在不同的部分，每个节点只负责托管自身的分片数据，而不是存储完整的区块链状态。

5.其他核心技术发展情况

除了安全技术、隐私保护技术、跨链技术、分片技术外，其他核心技术如数据存储、共识机制、智能合约等发展情况，如表5-1所示。

表5-1　其他核心技术发展情况

技术类型	技术发展	内容
数据存储	分布式文件系统	链外数据存储，除了传统集中数据中心存储、云存储以外，产生了新的互联网点对点文件系统。其中代表性的有自证明文件系统（SFS）、BitTorrent（比特流）和DHT（分布式哈希表）等，提供全球统一的可寻址空间，可以用作区块链的底层协议，支持与区块链系统进行数据交互
	新型网络拓扑结构	随着区块链技术发展，性能需求不断演进，出现了以有向无环图（DAG）为数据存储结构的技术方案。在DAG模式下，每一个新增的数据单元发布时，需要引用多个（通常为2个）已存在的较新的父辈数据单元。随着时间推移，所有包含交易信息的数据单元相互连接，形成有向无环图的图状结构。DAG区块链在并行性、可扩展性上有较大改善，但此种结构对维持数据全局一致性提出了一定挑战

续表

技术类型	技术发展	内容
共识机制	新型共识算法	可验证随机函数算法（VRF）由西尔维奥·米卡利（Silvio Micali）等在1999年提出，被用于在部分共识机制中提供抽签功能。该算法可以与BFT等共识算法集成，使用基于密码学技术的加密抽签方法随机选择参与者创建和验证区块（这种抽签方法基于前一个区块的签名，选择过程是自动且随机的）。该算法采用验证人集合、验证人排序和打分的方式处理分叉，确保链的一致性，可以快速确认区块的最终一致性。此外，该算法能够提供较好的可扩展性、安全性和处理速度，并且对算力的要求不高，具有非常好的经济性
智能合约	形式化验证框架与通用语言	安全性是智能合约的关键问题，目前业内已开始探索利用形式化验证框架解决智能合约安全和审计问题。同时，智能合约编程语言逐渐从脚本语言向通用语言演变，大大丰富了智能合约的应用场景。此外，智能合约的执行逐渐从显式调用执行向由链上触发器（如预言机）自动触发执行的方向发展

四、技术成熟度

从现阶段区块链核心技术的发展与应用趋势来看，共识机制、智能合约等新兴技术是目前区块链技术的重点，而点对点对等网络、加密算法等基础组件技术已经相当成熟。随着区块链应用日趋广泛，未来对相关关键技术的要求也会不断提高，抗量子算法、高性能共识算法等也将逐渐走向成熟。

相关技术仍在不断演变，不同的应用场景和应用程序的实施主体有不同的技术成熟度。

五、底层技术平台发展情况

目前，在国外受关注和应用较多的区块链底层平台有以太坊、Hyperledger等。其中，以太坊项目由以太坊基金会于2013年启动，支持图灵完备特性智能合约，已有多种DApp在以太坊网络上运行。Hyperledger由Linux基金会发起，目前孵化了包括Fabric、Sawtooth（锯齿）等多个开源项目。

国内最具代表性的开源社区是2017年12月由中国区块链技术与产业发展论坛发起的分布式应用账本（DAppLedger）开源社区，其结构如图5-5所示。

该社区以中国区块链技术和产业发展论坛成员自主开发的底层平台为基础，逐步建立多平台运营模式，在应用集成过程中探索最优架构，为国内区块链应用发展提供支持。其中重点孵化的开源项目有BCOS和Annchain（众安链）等。其中，BCOS由微众银行、万向区块链、矩阵元联合开发建设。金融区块链合作联盟（FISCO）开源工作组在此基础上，聚焦金融行业需求，进一步深度定制发展为FISCO BCOS。Annchain是众安科技自主研发的企业级区块链平台，该平台具有较强的可扩展性，采用交易即共识的方法，能有效提高效率并使交易可并发，可提供快速链部署、中间件、审计浏览、系统监控等支撑工具和产品。

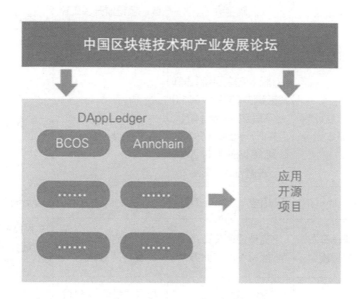

图5-5　DAppLedger的结构

典型的区块链开源底层平台的对比如表5-2所示。

表5-2 典型的区块链开源底层平台对比

项目	平台			
			DAppLedger	
底层平台	以太坊	Hyperledger Fabric	BCOS/ FISCO BCOS	Annchain
平台类型	公有链	联盟链	联盟链	联盟链
管理方	基金会	基金会	微众银行、万向区块链、金链盟开源工作组等	众安科技
权限管理	非授权	授权	授权	授权
共识算法	工作量证明（账本级）	0.6 版本支持实用拜占庭容错算法（交易级），1.0 版本后支持Solo（单节点共识）、kafka（分布式队列）和SBFT（简化拜占庭容错）算法	PBFT算法/ Raft共识算法	PBFT算法
智能合约	Solidity语言	Go语言[①]、Java 语言[②]	Solidity语言	Java语言、Go语言
可扩展性	正在开发分片模型	支持通道设计，区分不同的业务	多链平行扩展设计，支持跨链调用	扩展DAG账本，可验证分布式计算模型升级
隐私保护	暂无	用通道隔离不同的业务，1.0版本后引入了私有状态和零知识证明	数据"脱敏"，分级隔离，并实现了零知识证明、群签名、环签名、同态加密等	链上、链下、加密通道结合安全多方计算、同态加密

---

① Go语言是谷歌开发的一种静态强类型、编译型编程语言。

② Java语言是一门面向对象的编程语言，可以编写桌面应用程序、Web（网络）应用程序、分布式系统和嵌入式系统应用程序等。

六、开源社区发展情况

1."生态圈"建设情况

自2016年以来，区块链开源社区参与者数量快速增长。截至2018年8月，Hyperledger开源社区成员由初创时的30多人增长到超过250人，共有27个组织、159名开发者参与了代码贡献。以太坊社区由全球开发者合作贡献代码，核心开发组织包含400多名开发者、密码学者等。随着企业级市场对区块链技术的需求不断增加，企业以太坊联盟（EEA）由摩根大通、微软、英特尔等30多家机构于2017年3月联合创立，目前成员已超过了500家。

BCOS/FISCO BCOS开源"生态圈"已逐渐成熟，应用加速涌现。截至2018年四季度，BCOS/FISCO BCOS社区开发者成员已达数千人，已有数百家机构使用BCOS/FISCO BCOS开源平台，数百个场景应用落地，包括以支付、对账、清算结算、供应链金融、数据存证、征信、场外市场等为代表的金融应用，以及司法仲裁、著作权、娱乐游戏、社会管理、政务服务等其他行业应用。Annchain已在数十家企业的商业场景中进行工程化应用，覆盖农业防伪溯源、共享广告、公益资金溯源、智能理财等众多领域。

在参与者数量大幅增长的同时，区块链开源社区参与者的角色也变得更加丰富。除开发者外，各开源社区中出现了基于平台产品进行各种商业应用场景落地的参与者，包括投资人、集成商、应用开发者和第三方安全审计公司等，推动围绕DApp的应用"生态圈"逐步繁荣。

2.产品特点

通过对多个平台的版本发布特性进行分析可以看出，主流开源社区投入的重点方向包括易用性、隐私保护、可扩展性、安全防护以及整体架构等。

在易用性方面，随着开发者和社区用户不断增加，开源软件在部署、配置、应用开发和运行维护方面的要求越来越多，主流开源平台在开发工具、部署工具、数据查询和统计分析以及系统运维工具等方面做了大量工作，以降低使用者的门槛，提高开发效率。

在隐私保护方面，由于商业场景对商业数据、机构和人员等信息的隐私保护有很高的要求，目前主流开源平台通过架构优化、应用加密算法等方式对隐私进行不同程度的保护。例如，Hyperledger Fabric的1.0版本加入了私有数据特性，1.3版本允许使用零知识证明来保证用户的匿名性和不可追踪；BCOS/FISCO BCOS提供零知识证明、环签名、群签名、同态加密等技术，帮助用户保护隐私。

在可扩展性方面，各大开源平台根据自身的架构提出了不同的可扩展性方案。基于通道设计的 Hyperledger Fabric允许机构根据业务类型访问不同的节点，使不同业务在不同通道上分布。BCOS/FISCO BCOS采用平行多链架构支持更多业务量并发，实现了同构链之间的跨链通信。以太坊开发了类DPoS的共识算法以及推动侧链等可扩展方案。随着应用场景数量、区块链的使用者增加，以及使用频率提高，各平台需要在可扩展性方面持续演进，包括跨链、侧链、分片等技术都在社区中逐渐引入和实现，以应对更大规模的网络，并满足更加丰富的互联互通场景。

在安全防护方面，许可链社区普遍认同以PKI（Pubic Key Infrastructure，公开密钥基础设施）体系为基础的身份认证、权限控制等措施，不断丰富和细化证书使用规范，并在身份、网络、数据、交易规则等方面加入严格的保护措施。安全问题主要集中在网络攻击、智能合约漏洞、恶意分叉等方面，这也促使以太坊社区不断检查和修复合约引擎和代码漏洞，并通过社区治理来解决安全漏洞造成的资产损失。

从整体架构来看，主流开源社区都倾向于插件化的可扩展设计方案，以此使平台产品可以灵活地支持不同的共识算法、加密算法、存储引擎，兼容多个版本的网络协议等，使得产品演进具备更高的速度和更好的灵活性。例如，Hyperledger Fabric支持Solo、kafka和SBFT算法，BCOS/FISCOBCOS支持PBFT算法和Raft共识算法。

第三节　区块链应用发展现状

一、区块链核心应用价值

区块链是一种建立信任的工具，它通过分布式的 IT体系结构来改善数据流通状况，提升数据维护和使用的安全性。有人总结分布式技术、数据、业务和社会治理四个层次的区块链应用特点和价值，提出了区块链应用价值模型（TD模型），如图5-6所示。

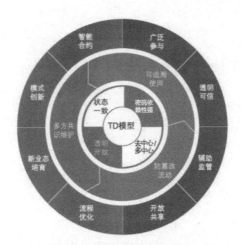

图5-6　区块链应用价值模型

在技术层面上，区块链的分布式IT架构具有去中心/多中心、透明开放、状态一致、密码依赖性强等特点；在数据层面上，区块链能实现在多方共识的基础上保持数据一致，防止数据被篡改，并可对基于数据的应用全过程进行溯源；在业务层面，区块链可以实现智能合约自动执行，在不同行业实现流程优化、新业态培育、模式创新等；在社会治理层面，区块链为广泛参与、透明可信、开放共享和辅助监管提供了新的途径。

二、区块链应用进展情况

《中国区块链技术和应用发展白皮书（2016）》中总结了金融服务、供应链管理、智能制造、社会公益、文化娱乐、教育就业六大区块链应用领域。自2016年以来，区块链在这些应用领域已取得了不同程度的进展，应用水平不断提升，尤其是金融服务、供应链管理等领域的应用尤为活跃。与此同时，区块链的应用领域仍在不断扩展，在智慧城市和公共服务等领域也逐步出现了新的应用。

区块链在金融服务、供应链管理、智慧城市和公共服务四个领域应用概述如下。

1.区块链与金融服务

金融服务是区块链最早应用的领域之一，也是区块链应用数量最多、普及程度最高的领域之一。区块链技术已经成为众多金融机构争相布局的重要技术之一。中国工商银行、中国银行、交通银行、中国邮政储蓄银行、招商银行、中信银行、微众银行、平安银行、中国民生银行、兴业银行等纷纷探索区块链技术的应用，在防金融欺诈、资产托管交易、金融审计、跨境支付、对账与清算结算、供应链金融以及保险理赔等方面已取得实质性应用成果，在一定程度上推动解决了此前金融服务中存在的信用校验复杂、成本高、流程长、数据传输误差等难题。目前，金融服务领域已有一些典型案例，例如基于区块链的机构间对账平台、差异账检查系统，以及通过区块链技术改造的跨境直联清算业务系统等。

区块链在金融服务领域的应用有两个特点。

（1）由于金融服务领域注重多方对等合作，并具有"强监管"和高级别的安全要求，需要对节点准入、权限管理等做出要求，因此更倾向于选择联盟链的技术方向。

（2）该领域的应用更加强调可监管性，从金融监管机构的角度看，区块链为监管机构提供了一致且易于审计的数据，使金融业务的监管审计更快、更精确。例如，在反洗钱场景中，区块链可以实现每个账号的余额和交易记录都是可追踪的，任意一笔交易的任何一个环节都不会脱离监管机构的视线，可以大大增强反洗钱的力度。

2.区块链与供应链管理

自2016年以来，区块链的数据处理效率不断提高，可以更好地满足数据量和请求数量巨大的供应链基础设施的需求，物流企业、银行、电商平台等供应链相关方面不断探索区块链在供应链管理领域的应用，相关应用成果大量涌现。例如，在防伪溯源方面，京东、蚂蚁金服、众安科技等科技企业纷纷研发基于区块链的涉及食品、药品的防伪溯源应用，区块链正在成为食品、药品安全的有效保障手段；在供应链金融方面，中国人民银行数字货币研究所、中国人民银行深圳市中心支行推动"粤港澳大湾区贸易金融区块链平台"，万向区块链、金融壹账通、京东、腾讯等众多企业开展了覆盖多个行业的供应链金融区块链应用实践。

区块链在供应链管理的应用有两个特点。

（1）供应链管理领域具有参与方种类多样、业务模式复杂的特点，因此协同多方参与是区块链应用实施效果的重要保障。

（2）在防伪溯源和物流等领域，与实体产品的深度耦合是实现区块链价值的保障。因此，在供应链管理领域，区块链更注重与物联网、人工智能等技术融合发展。

3.区块链与智慧城市

随着社会经济发展、技术进步和城市化进程加快，在政策支持和技术发展的驱动下，智慧城市建设蓬勃发展。建设"智慧社会"的目标被提出后，新型智慧城市的建设进程进一步加快。区块链在建设智慧城市中的应用涵盖智慧园区、智慧物联网、智慧交通、能源电力、电子政务等广阔领域。

为提高城市的智能化感知水平，提升城市管理的效率，智慧城市建设需要使用大量物联网设备。传统方式是将感知设备接入互联网，通过云服务器等中心化基础设施验证连接。随着物联网"生态"体系发展和数据规模不断增长，中心化基础设施的运算能力、存储能力、信息安全、稳定性都面临着很大挑战。同时，智慧城市建设需要在政府及相关机构之间开展数据资源共享及协作，但往往由于存在"数据孤岛"现象，跨部门协同、精准快速服务难以实现。此外，医疗健康、公共服务等民生领域数据存量大，若能有效利用，对提升个人健康管理、保障公共安全等大有裨益，但目前这些数据的权属关系尚未明确。

引入区块链技术，采用分布式点对点的网络结构，可以使设备之间保持共识，实现点对点传输数据，可以减少甚至无须与中心服务器的数据库进行数据验证流程，避免依赖中心化设施，解决单点故障、批量信息泄露等数据安全问题。区块链数据防篡改、可追溯的特性，可以帮助政府各部门打通"数据孤岛"，为公众提供更加可信和有价值的服务。此外，区块链技术还可以用于解决医疗等方面的公众数据安全存储等难题，结合非对称加密技术实现个人数据权属与授权共享，有助于安全、有效地利用公众数据。

（1）应用场景1：智慧物联网。智能设备已被广泛用于追踪桥梁、道路、电网、交通灯等设施设备状况。利用区块链分布式点对点的网络结构，能将各类设施设备更高效地连接、连通，增强物联网的稳定性和通信有效性。例如，可以通过区块链技术追踪联网汽车设备的各项参数，通过智能合约实现车辆保险条款自动追踪、车辆年检以及车辆自动理赔等，从而在汽车保险、车辆管理等领域实现模式创新。

（2）应用场景2：智慧民生。应用区块链技术创建分布式公民登记平台，搭建开放共享、透明可信的公民数据账本，确保公民数据防篡改、可追溯，实现政府跨部门、跨区域共同维护和利用公民数据。在房屋租赁与二手房交易方面，将房源、房东、房客、房屋租赁合同等信息上链，通过多方验证防篡改，有望解决房源真实性问题，打造透明可信的房屋租赁"生态"。在电力供应"生态"方面，利用家庭太阳能设备发电补充传统电力供应，可将每个用户的发电记录保存在区块链上，实现新型资产智能登记，并可支持基于智能合约的电力交换和交易，促进全民共建节能环保城市。

（3）应用场景3：智慧医疗。在医疗方面，利用区块链技术创建药物、血液、器官、器材等医疗用品的溯源记录，有助于医疗健康监管，使公共健康"生态"更加透明可信。通过区块链存储医疗健康数据，创建安全、灵活、可追溯、防篡改的电子健康记录，可以对用户身份确认和健康信息进行确权，并将权属信息等在区块链上存储，确保个人健康信息被安全、合法地使用。此外，利用智能合约自动识别交易参与方，结合用户对健康信息使用授权，不仅可以优化医疗保险快速赔付，还可以方便第三方健康管理机构基于全面的医疗数据提供精准的个人健康管理服务。

4.区块链与公共服务

随着经济社会发展，公共服务的规模和范围不断扩张，影响力日益提升，人们对公共服务的信息共享、权限控制和隐私保护等有了更高的要求。以公众需求为导向的高质量的公共服务，是未来公共服务发展的重要方向。目前，部分地方政府大力推进"区块链+政务"，已取得积极成效。

从本质上讲，区块链是利用加密算法、共识机制等技术构建的可信任的数据存储技术。其存储的数据是安全、可靠且防篡改的，可以提升公共服务的公信力。

在鉴证确权方面，区块链技术能被用来将公民财产、数字版权相关的所有权证明存储在区块链账本中。这可以大大优化权益登记和转让流程，减少产权交易过程中的欺诈行为。在身份验证方面，身份证、护照、驾照、出生证明等可以被存储在区块链账本中。这样，不需要任何物理签名即可在线处理烦琐的流程，并能实时控制文件的使用权限。在信息共享方面，区块链技术可用于机构内部以及机构之间的信息共享和实时同步。这能有效解决各行政部门间协同工作中流程烦琐、信息孤立等问题。

（1）应用场景1：政务数据开放共享。信息系统整合、数据格式统一、数据实时共享是解决政府部门"信息孤岛"问题的关键。区块链技术可以实现各级政府之间、各部门之间共享数据，有利于提升工作效率、降低行政成本，为公众带来更好的政务服务体验。目前，一些地方政府正在探索建设基于区块链的居民身份共识数据库，采集居民的身份、纳税、工作经历等相关信息作为身份与权利验证凭证，居民在办理不同事项时无须重复提交身份证明材料，从而有效提升公共服务质量。

（2）应用场景2：知识产权保护。在信息经济、知识经济时代，有海量数字作品被创作出来。数字作品复制、盗版难度很低，而证明著作权权属的成本相对较高，海量数字作品的著作权保护面临巨大挑战。将区块链技术嵌入创作平台和工具中，利用区块链防伪造、防篡改特性，客观记录作品的创作信息，可以低成本、高效率地为海量作品提供著作权存证。在此基础上，区块链还可支持著作权资产化与快速交易，解决数量巨大、流转频率高的数字作品的确权、授权和维权等难题。

三、区块链应用治理概述

区块链应用治理是指管理和控制区块链系统在当前和未来运行的一系列流程和规则。区块链应用治理原则通常是"链上设定规则，链下管理实施"，既包括设计如共识机制的具体规则并写到区块链协议中，也包括链下系统"生态"管理和协调，如通过用户投票决定区块链是否升级、通过对区块链进行监控和分析配合监管和审计的需求等。

从区块链应用治理的目标和内容来看，完善的区块链应用治理架构应具备以下内容，如图5-7所示。

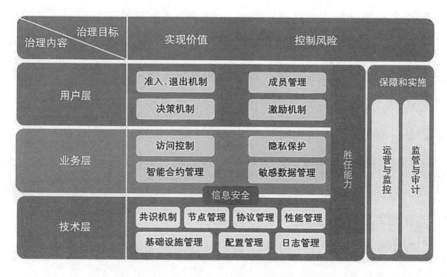

图5-7　区块链应用治理架构

　　根据非许可链和许可链的不同性质和目的，区块链应用治理呈现出不同的侧重点：对非许可链来说，治理的关键是采用多种机制激励和协调，支撑相关"生态"系统运转和发展；对许可链来说，治理内容包括平台搭建、权限管理、节点管理、监管与审计和监控等。

　　（1）非许可链治理模式。对非许可链来说，虽然链上的共识机制会有所区别，但链下大多采用社区成员投票的方式来决定影响项目发展的重大决策。下面以三个具代表性的案例为例，说明当前主流的三种非许可链治理模式。

　　①比特币。比特币主要依靠比特币核心开发团队对代码开发迭代，而代码更新被接受则需要得到大多数矿工（哈希算力）支持。因此，比特币的治理体系可以抽象为核心开发者提供代码改进建议，全网算力决定是否采纳。

　　②以太坊。虽然以太坊的代码更新规则与比特币相似，但目前其实际治

理过程更多受到社区领袖意见的影响，治理模式更接近于领袖型治理模式。

③EOS。EOS采用DPoS的共识机制，EOS用户通过投票选出21个超级节点，并由超级节点负责EOS的共识过程和系统升级提案决策等。如果用户对某个超级节点不满意，可以选择投票给其他节点候选人来替换之前的超级节点。因此，EOS的治理模式偏向于民主代理型治理模式。

（2）许可链治理模式。许可链的治理过程与非许可链全网决策的形式完全不同，其治理内容包括联盟构建、参与成员管理、权限管理、共识节点管理、监管和审计等。

①联盟的构建形式直接决定了许可链的治理和运行模式，较为常见的联盟构建形式有以下三种：

a.联合治理形式：由联盟成员推举专人组建联合治理委员会，联合治理委员会负责管理许可链；

b.领导型成员治理形式：由联盟中处于领导地位的一个或多个成员对许可链进行管理，其他联盟成员作为参与方加入该许可链中；

c.法定机构治理形式：由法定机构或其他监管机构创建专门的组织来管理和维护许可链。

②与非许可链可以自由加入不同，许可链具有成员加入审核和准入机制，需要经过一定的审核流程。成员加入许可链的流程通常包括以下两个步骤：

a.身份核查：根据所在行业的监管要求及行业特性，许可链管理机构对新加入成员的真实身份进行核查；

b.成员协议：在加入许可链之前，新成员需要签署正式的、具有法律效力的成员协议。

成员退出许可链通常有成员自愿退出和联盟成员投票剔除两种机制。

③许可链可以采用面向角色的权限控制，每个参与成员可以拥有多个链上账户，分别对应不同的操作权限。从许可链上的操作权限管控粒度来看，权限可包括以下四种类型：

a.业务操作权限：使用许可链进行业务活动的权限，例如业务数据读取和更新权限、应用智能合约执行权限等；

b.平台运营权限：许可链日常运营相关的权限，例如链上用户账号及权限分配等；

c.运维开发权限：许可链技术层面的维护权限，例如软件发布、参数配置权限等；

d.监管权限：独立于日常业务活动以外的监管或审计权限，包括检查链上的业务数据、监控许可链运行状态等权限。

④一般说来，许可链中仅有部分节点是共识节点。对共识节点的治理内容包括以下三个方面：

a.共识节点加入：开展节点拥有者身份审查、节点安全性评估，并写入全局白名单配置；

b.共识节点监控：监控共识节点的运行状态，包括在线率、块高度、软件版本等，及时发现处于异常状态的共识节点；

c.共识节点替换：当某个共识节点自愿退出联盟，或者处于异常状态（例如节点故障、被黑客劫持、不满足联盟定义的节点规范等），选择一个候选节点将其替换。

⑤许可链需要在治理层面实现可监管和可审计，以达到合规的目的。根

据许可链所处行业的监管环境和审计要求，可以通过设置独立观察节点、调用API数据接口、部署特定智能合约等方式，对区块链上的活动进行监督，对异常活动进行干预，并保存完整的数据和日志等资料。

第四节　区块链标准化发展现状

2015年12月，国务院发布了《国家标准化体系建设发展规划（2016—2020年）》，提出"深化标准化工作改革，把政府单一供给的现行标准体系，转变为由政府主导制定的标准和市场自主制定的标准共同构成的新型标准体系"，并提出"在技术发展快、市场创新活跃的领域培育和发展一批具有国际影响力的团体标准"。2016年3月，原国家质量监督检验检疫总局、国家标准化管理委员会发布的《关于培育和发展团体标准的指导意见》强调符合条件的团体标准向国家标准、行业标准或地方标准转化，提出"对于通过良好行为评价、实施效果良好，且符合国家标准、行业标准或地方标准制定范围的团体标准，鼓励转化为国家标准、行业标准或地方标准"。经过多年发展，新型标准体系建设已快速推广，在新兴技术领域发挥市场自主作用，以培育团体标准为切入点，逐步带动国家标准和行业标准研制的整体路径已初显成效，并与政府主导型的标准化路径共同形成了两级标准化体系，如图5-8所示。

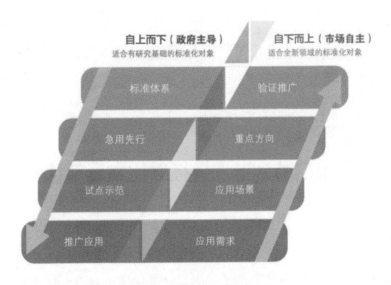

图5-8　两级标准化体系

一是政府主导型标准化制定路线。该路线适合标准化工作基础较好、技术发展较为成熟的领域，标准制定工作大多由政府主导，标准制定后通过试点示范等方式进一步推广应用。例如，为推动智能制造领域的标准化工作，工业和信息化部、国家标准化管理委员会联合发布《国家智能制造标准体系建设指南（2021年版）》，包括智能制造系统架构、总体要求、建设思路、建设内容、组织实施五部分内容，并提出阶段性建设目标：到2023年，制修订100项以上国家标准、行业标准。

二是以市场为导向、分散自治式的标准化制定路线。该路线强调以企业为主体，以协会、联盟等为核心，采用高度开放、自愿的模式开展团体标准制定，经验证实施成熟的团体标准可向行业标准、国家标准转化。该路线充分发挥市场和企业的作用，有助于保证标准符合产业发展实际，能够及时、准确地反映并满足新技术实施需求，充分发挥标准在市场资源配置中的作用，特别适合区块链等技术发展快、市场创新活跃的新兴技术领域。

一、国内标准化情况

国内的区块链标准化工作早在2016年就开始了，《中国区块链技术和应用发展白皮书（2016）》提出了我国区块链标准体系框架，将区块链标准分为基础、业务和应用、过程和方法、可信和互操作、信息安全五类，并初步明确了21个标准化重点方向。2017年，该标准体系框架写入了《软件和信息技术服务业"十三五"技术标准体系建设方案》，有效指导了国内区块链标准化工作。自2016年以来，国内相关机构、标准化组织加快开展区块链领域的重点标准研制，按照"急用先行、成熟先上"的原则，采用团体标准先行，带动国家标准、行业标准研制的总体思路，目前已在参考架构、数据、安全与隐私保护等方面取得了一系列进展。

1.团体标准

在工业和信息化部信息化和软件服务业司指导下，中国区块链技术和产业发展论坛积极开展区块链领域的标准化工作，先后发布了《区块链 参考架构》《区块链 数据格式规范》两项团体标准，其中《区块链 参考架构》团体标准经验证实施成熟已转化为国家标准。此外，中国区块链技术和产业发展论坛还启动了智能合约、隐私保护、存证、信息服务等方面团体标准的研制工作。

《区块链 参考架构》作为区块链领域的重要基础标准，给出了区块链和分布式记账技术相关的术语和定义，规定了区块链系统的参考架构、典型特征和部署模式，系统描述了区块链"生态"系统中涉及的角色、子角色、活动，以及主要功能组件。用户视图从用户视角考察区块链系统的组成方式，结合区块链的服务特点，提出了区块链服务客户、区块链服务提供方、区块链服务合作方三类角色及相应的15类子角色，以及每个子角色的活动。功能视图主要从区块链功能的角度考察区块链系统的组成方式，提出了基础层、核心层、服务层、用户层组成的分层架构，每层由不同的功能组件组成，同时包含开发、运营、安全以及监管和审计等跨层功能。此外，在《区块链 参考架构》中还加入了对用户视图与功能视图关系的描述，说明区块链系统的运营复杂性以及不同功能模块与角色的映射关系，如图5-9所示。

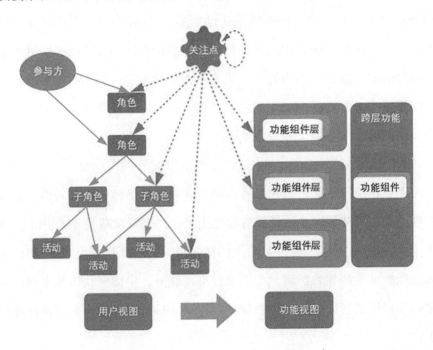

图5-9 《区块链 参考架构》用户视图和功能视图之间的关系

《区块链 参考架构》为计划使用区块链和分布式记账技术的组织选择和

使用区块链服务或建设区块链系统提供支撑，指导区块链服务提供组织提供区块链服务，有利于统一业界对区块链的认识水平，对各行业开展区块链应用活动具有重要的指导意义。

《区块链 数据格式规范》团体标准从数据对象的类别出发，将区块链系统的数据分为账户数据、区块数据、事务数据、实体数据、合约数据和配置数据，并规定了各类数据的格式规范。其内容包括区块链系统相关的数据结构、区块链系统相关的数据分类及其相互关系、区块链系统相关的数据元的格式要求。《区块链 数据格式规范》中规定的数据结构，如图5-10所示。

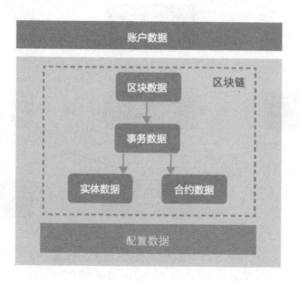

图5-10　《区块链 数据格式规范》中规定的数据结构

《区块链 数据格式规范》为计划使用区块链的组织建设区块链系统提供数据格式参考，指导区块链服务提供组织建立区块链系统数据结构，以及为区块链系统建设过程的中间件服务组织提供数据格式参考。

《区块链 隐私保护规范》规定了区块链隐私保护的原则、关注点、管理要求、监管和审计要求等，提出区块链隐私保护应遵循最小授权原则和明示同意原则，规定了隐私相关的数据收集、数据存储、数据迁移、数据备份与恢复、数据应用、数据披露和数据处置等步骤应关注的保护要点，给出了隐私保护的日常管理和应急管理规范，并从结构设置、监管内容、审计过程三个方面提出要求，还给出了参考性的隐私保护策略和技术，其中包括数据存储、传输过程中的技术和身份保护技术等。区块链隐私保护关注点及其关系，如图5-11所示。

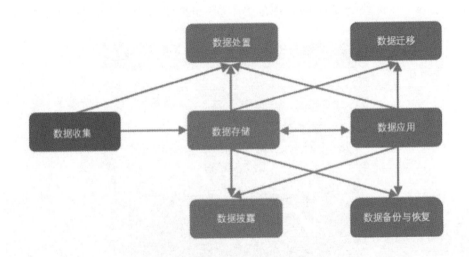

图5-11　区块链隐私保护关注点及其关系

《区块链 隐私保护规范》为区块链应用的信息安全与隐私安全提供依据，为计划使用区块链系统的组织和机构选择和使用区块链服务提供隐私保护的参考，指导区块链系统服务提供方在区块链系统中建立区块链隐私保护机制，并为第三方评价区块链系统服务提供方的隐私保护能力提供参考。

《区块链 智能合约实施规范》规定了区块链智能合约实施的原则和主

要关注点，规范了区块链智能合约全生命周期中合约构建、合约触发、合约运行和合约评估等关键环节及实施要点，提出了合约创建和合约升级的要求，明确了合约触发的三种方式和合约事件规约，规范了合约部署、合约实例化、合约执行和合约废止等方面的实施规则要点，最后给出了在合约安全审计和合约形式化验证等方面的最佳实践。智能合约实施框架，如图5-12所示。

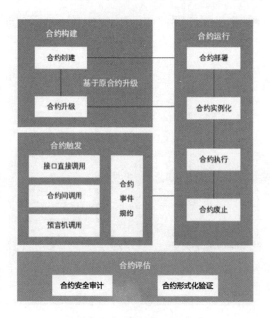

图5-12　智能合约实施框架

《区块链 智能合约实施规范》规定了图灵完备的智能合约实施规范，为计划使用区块链的组织建设区块链系统提供智能合约实施参考，指导区块链服务提供组织实现区块链系统智能合约，为区块链系统建设中智能合约运行环境的实现要求提供参考。

《区块链 存证应用指南》从存证应用的实际业务需求出发，规定了区块链存证有效性原则、区块链存证相关方以及区块链存证关键过程，给出了区块链有效性原则，在业务系统、电子数据存取的有效性、时间的有效性、存证证明机构的有效性以及存证核验的有效性等五个方面给出了要求，明确了区块链存证业务相关方与区块链存证系统支持相关方两类区块链存证相关方角色，给出了包括定义区块链网络及共识机制、写入区块链数据预处理、电子数据签名、存证过程、存证公示和查询、提取存证、存证第三方验证的区块链存证七大关键步骤。区块链存证应用模型，如图5-13所示。

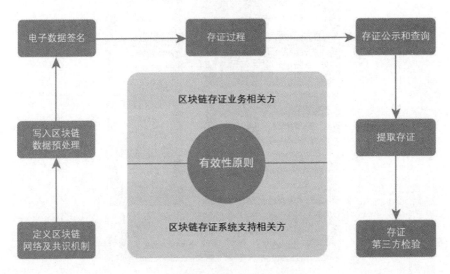

图5-13　区块链存证应用模型

《区块链 存证应用指南》为各行业基于区块链技术开展存证应用的活动提供基本指引，指导区块链存证应用的设计、开发、部署、测试、运行和维护等活动，有助于准确、高效、便捷地搭建区块链存证应用系统。

2.国家标准和行业标准

目前，区块链领域的国家标准和行业标准还处于早期发展阶段，仅有少量基础性的标准立项并处于研制阶段，如《信息技术 区块链和分布式账本技术 参考架构》。

二、国际标准化组织情况

2016年9月，国际标准化组织（ISO）成立了区块链和分布式记账技术标准化技术委员会（ISO/TC 307），主要工作范围是制定区块链和分布式记账技术领域的国际标准，以及与其他国际性组织合作研究该领域的标准化问题。

截至2022年6月，ISO/TC 307成立了基础，区块链和分布式账本技术系统互操作性，安全、隐私和身份，智能合约及其应用，治理，用例六个工作组，以及六个特别工作组，如表5-3所示。

表5-3　ISO/TC 307工作组和特别工作组

序号	英文名称	中文名称
1	Foundations	基础（工作组）
2	Interoperability of blockchain and distributed ledger technology systems	区块链和分布式账本技术系统互操作性（工作组）
3	Security, privacy and identity	安全、隐私和身份（工作组）
4	Smart contracts and their applications	智能合约及其应用（工作组）
5	Governance	治理（工作组）
6	Use cases	用例（工作组）

序号	英文名称	中文名称
7	Convenors coordination group	召集协调组
8	Joint ISO/TC 307 – ISO/IEC JTC 1/SC 27 WG: Blockchain and distributed ledger technologies and IT Security techniques	区块链和分布式分类账技术与IT安全技术联络组
9	SBP Review Advisory Group	SBP审核咨询组
10	Liaison Review Ad Hoc Group	联络审查特设组
11	Guidance for Auditing DLT Systems	DLT系统审核指导组
12	Liaison Advisory Group	联络咨询组

ISO/TC 307推动基础，智能合约，安全、隐私和身份，互操作性等方向重点标准项目的研制工作。截至2020年12月，该组织已经陆续发布《区块链和分布式账本技术：区块链中的智能合约和分布式账本技术系统概述和交互》《区块链和分布式账本技术：隐私和个人身份信息保护注意事项》《区块链和分布式账本技术：数字资产保管人员的安全管理》《区块链和分布式账本技术：词汇》等多项国际标准。此外，还有诸多标准处于制定过程之中。这些国际标准将有助于打通不同国家、行业和系统之间的认知和技术屏障，防范应用风险，为全球区块链技术和应用发展提供重要的标准化依据。

在参与国际标准化工作过程中，中国将《区块链 参考架构》等团体标准作为成果提交至ISO/TC 307，推动了参考架构等国际标准的立项。中国专家担任参考架构国际标准的联合编辑、分类和本体技术规范的编辑，并牵头区块链数据流动和数据分类相关课题的研究工作。

三、其他标准组织情况

1.电气电子工程师学会标准协会

电气电子工程师学会标准协会（IEEE-SA）自2017年启动了在区块链领域的标准和项目探索。《区块链在物联网中的应用框架》《区块链系统的标准数据格式》《分布式记账技术在农业中的应用框架》《分布式记账技术在自动驾驶载具（CAVS）中的应用框架》《区块链在能源领域的应用》《分布式记账技术在医疗与生命及社会科学中的应用框架》六项标准先后立项。其中，《区块链系统的标准数据格式》由中国专家牵头。此外，IEEE-SA还同步开展了区块链技术在数字普惠、数字身份、资产交易及互操作等方向的标准化研究。

2.万维网联盟

万维网联盟（W3C）启动了三个区块链相关的社区组开展区块链标准化活动：区块链社区组，主要研究和评价与区块链相关的新技术以及用例（例如，跨银行通信），基于ISO 20022创建区块链的消息格式，重点关注区块链间的数据交互性；区块链数字资产社区组，主要讨论在区块链上创建数字资产的Web规范；账本间支付社区组，目标是连接世界范围的多个支付网络。

3.国际电信联盟标准化组织

国际电信联盟标准化组织（ITU-T）于2017年初启动了区块链领域的标准化工作，设置三个研究组分别启动了分布式账本的总体需求、安全，以及在物联网中的应用研究。此外，ITU-T成立了三个区块链相关的焦点组，分别为分布式账本焦点组、数据处理与管理焦点组和法定数字货币焦点组。

第五节　区块链项目案例

一、基于区块链的存证实践案例

1.项目概况

证据的真实性、可追溯性是司法场景中最重要的要素之一。2017年10月，微众银行联合广州仲裁委员会、杭州亦笔科技三方基于区块链技术搭建了面向司法仲裁行业的"仲裁链"。"仲裁链"发挥区块链技术透明、防篡改、全流程追溯等优势，利用分布式数据存储、加密算法等技术对交易数据进行共识签名后上链，将实时保全的数据通过智能合约形成证据链，以满足证据真实性、合法性、关联性的要求，进而实现证据及审判的标准化。

当业务发生时，用户的身份验证结果和业务操作证据产生的哈希值均通过区块链技术进行记录。当需要仲裁时，后台人员只需要点击一个按键，相应的证据便会传输至仲裁机构的系统平台上。仲裁机构收到数据后与区块链系统节点中存储的数据进行校验，在确认证据真实、合法、有效后，依据网络仲裁规则和国家相关法律规定进行裁决并出具裁决书。

通过使用"仲裁链"，仲裁机构可参与存证业务的过程，共同见证、实时共识验证。一旦发生纠纷，经核实签名的存证数据可被视为直接证据，有助于仲裁机构快速完成证据核实，极大地缩短了仲裁流程。

2018年2月，广州仲裁委员会出具了首份基于"仲裁链"的裁决书。自"仲裁链"发布以来，已有十余家存证机构和仲裁机构加入"仲裁链生态"。截至2018年四季度，"仲裁链"已完成超过千万份合同的存证事宜，涉及资金规模达千亿元级。

2.应用技术选择情况

"仲裁链"基于FISCO BCOS区块链底层开源平台搭建。FISCO BCOS是以金融业务实践为参考样本，为金融行业量身定制的开源区块链底层平台，是BCOS开源平台的金融分支版本，由微众银行、深证通、腾讯云等金链盟开源工作组的多家成员单位牵头创建。FISCO BCOS提供了功能全面的监管和审计支持模块，包含准入控制、CA（Certificate Authority，证书颁发机构）身份认证、账户管理体系和安全监控等功能，可支持海量数据容量存储和弹性扩容，具备密钥管理机制和隐私保护机制，可充分满足存证仲裁的技术要求。

3.应用治理情况

"仲裁链"采用联盟链的治理方式，其业务架构图如图5-14所示。在该网络中，微众银行、存证机构、仲裁机构和其他业务相关方都可作为链上节点加入，形成一个可靠的联盟链网络。

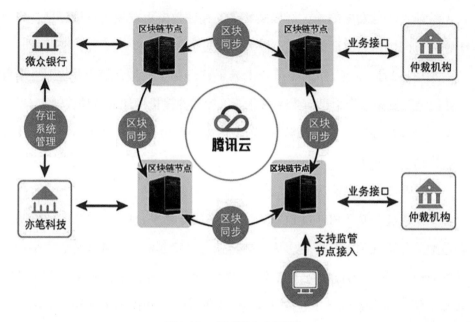

图5-14 "仲裁链"业务架构

"仲裁链"在业务设置上采用符合仲裁业务特点的治理方式，有良好的安全性和隐私保护能力，并对如何清晰、便捷地监控联盟链运行状况、支持监管和审计诉求进行了深入研究，满足了金融行业对数据结构化、可视化、可监管和可审计等要求。其具体优点包括：仅允许经过许可的成员加入，避免了无关成员加入联盟链以及由此带来的数据泄露隐患；联盟链拥有良好的管理机制，可以通过联合治理、法定机构治理、领导成员治理等多种机制处理各种问题，优化管理过程；每个参与成员可以拥有不同的操作权限，职责分工清晰，可以较好地避免数据隐私被泄露；可以通过设置独立观察节点、调用API数据接口、部署特定智能合约等方式，对链上活动进行实时监督，并对异常活动进行干预。

区块链浏览器、监控体系、监管节点以及反洗钱接口都是治理的实施环节。"仲裁链"提供区块链浏览器，能将区块链上的数据可视化，并进行实时展示，用户即使毫无技术背景，也可以通过网络页面便捷地获取其部署的区块链节点、区块和交易信息；优化了监控统计日志，使开发者可以快速获取区块链系统运行过程中的重要参数，从多个维度对系统运行状态进行评估；监管或审计部门可以作为特殊的监管节点接入，可以实时同步数据并对数据的完整性、有效性等进行监控或审计，也可以进行业务流程合规检查、反洗钱等操作。

4.小结

"仲裁链"可将传统模式下长达1～3个月的仲裁流程缩短到7天左右，司法成本也降低至传统模式的10%。区块链技术及运作机制客观、透明，其应用使得证据和合同的容灾能力、可靠性和容错性更强，从而可免去很多因摩擦、纠纷产生的支出，并有效降低人工操作风险与道德风险，有效地解决了取证难、仲裁难的问题，也有利于促进执法透明、司法公正与社会和谐。

二、香港贸易融资平台

1.项目概况

香港贸易融资平台（Hong Kong Trade Finance Platform，HKTFP）由香港金融管理局牵头，香港贸易融资平台有限公司主导实施。金融壹账通作为技术服务提供商，基于自主研发的底层BaaS平台壹账链（FiMAX），助力香港各大商业银行为贸易企业提供贸易融资服务，参与方包括汇丰银行、渣打银行、澳新银行、中国银行、东亚银行、星展银行和恒生银行等数十家银行。

　　国际贸易融资业务是银行对公业务的重要一环，国际知名的大型商业银行通常会为此业务打造一套中心化的内部系统，以完成与客户间的交互及内部业务流程管理。然而，贸易融资业务是一个多主体参与、容易存在信息不对称现象进而产生相应风险的业务场景，中心化的内部系统并不能有效解决上述问题。

　　HKTFP通过区块链技术连接各银行的贸易融资系统，打造出一个弱中心化的业务协同网络，利用FiMAX的可授权加解密及零知识证明技术，打破信息壁垒，帮助银行大幅降低业务风险和操作成本，从而使企业的融资成功率更高、融资成本更低，最终为实体经济的健康发展提供助力。

　　2.应用技术选择情况

　　根据贸易融资的业务特点，区块链应用在技术上需要做到两点：一是要让各参与方上链的数据能够得到隐私保护，消除参与方数据上链的后顾之忧，从而将贸易信息及融资信息线上化、结构化；二是要让数据可被多方"共享"使用（可以在明文及密文这两种条件下被使用），帮助银行验证贸易真实性，并防范重复融资风险。

　　为此，HKTFP使用了金融壹账通FiMAX的以下三项技术：

　　（1）可授权加解密技术：上链数据可加密，并且做到逐字段加密，帮助各类企业及银行保护自身的数据隐私。参与方可基于业务需求，向特定的其他参与方针对特定的数据字段进行解密授权。在被授权前，任何参与方均无法解密其他参与方上链的数据。

　　（2）零知识证明技术：数据能够在加密状态下被使用，可用于进行不同参与方之间的数据交叉验证。其中，交叉验证可以是数据直接比对，例如判断卖方提供的订单总金额与买方提供的订单总金额是否一致，或判断用于发起融资申请的基础资产（如订单或发票）是否已被用于在其他银行获取融资（验证是否存在重复融资的风险），也可以是经过运算后的结果比对，例如判断卖方的发票中每项商品的总金额是否等于买方订单中商品的单价乘以物流公司送货单中的运送数量。

（3）智能合约：利用智能合约自动匹配数据项完成交叉验证，并找出其中的差异，能有效提高核验效率并降低贸易欺诈风险。同时，还可以将其他线下文件线上化，利用智能合约自动监测并触发下一环节，加快贸易进程。

3.应用治理情况

由于HKTFP涉及众多参与方，例如银行、制造企业、物流企业等，因此合理有效的应用治理结构就显得尤为重要。治理机制需要重点考虑联盟构建机制、会员管理机制、会员权限控制等方面。

4.小结

贸易与贸易融资业务是非常典型的多参与方协同作业的场景，各参与方需要共享业务及流程信息以达成业务合作和提高工作效率，但由于各参与方均为独立的法人主体，不完全信任和信息隐私保护成为深化合作的障碍。HKTFP在区块链技术的基础上，运用了可授权加解密、零知识证明以及智能合约等技术，帮助各参与方在保护自身数据隐私的同时，保证密文数据能够被其他参与方使用并产生价值，从而降低业务风险与成本，达成信任关系，促成业务落地，提高工作效率，并最终为各参与方带来经济效益。同时，HKTFP作为国际大型有真实生产、贸易数据交易的区块链网络系统，对区块链技术应用于实际生产领域具有重要意义。

三、京东区块链电子营业执照

1.项目概述

电子营业执照是无纸化的电子牌照，是根据有关登记注册法律、法规，由依法成立的具有认证资格的第三方机构以数字证书为基础制作的载有企业注册登记信息的信息证书。

当前，电子营业执照面临诸多痛点，例如营业执照多次提交、经营者实际经营地点与营业执照登记地不一致、网络市场监管部门汇集的中心数据与电商平台之间数据相互孤立、数据篡改和造假较容易且审核成本高等问题。区块链技术具有分布式记账、自动广播、全流程可追溯、信息防篡改以及多方共识维护等特点，可助力营业执照业务实现跨主体信息共享及协作。区块链的共识机制和自治性还有助于实现国家企业信息公示系统中可公开的工商行政管理监管执法信息互通共享。

京东电子营业执照区块链应用可以很好地满足各方对电子营业执照数据安全、便捷和保密的要求。该应用将政府电子营业执照数据上链，由京东平台自动审核并快速反馈审核结果，审核通过后将企业开店信息上链。营业执照信息一旦写入区块链，就会自动同步到所有节点。某一节点只要获得授权，就可以查询对应营业执照信息。同时，区块链会对营业执照从开出到每一次变更的全部信息及流程进行记录，市场监管部门通过查询页面，可以便捷地查询营业执照的全流程信息，包括开出时间、写入区块链时间、写入方、签名方、变更信息时间和变更信息内容等。对商家来说，该应用可以加快其入驻京东平台的速度；对京东来说，该应用可以大幅提升商家入驻的审核效率，降低平台管理及服务成本；对监管部门来说，该应用可以为开展在线监测、及时发现问题、打破数据共享壁垒等提供有力支持。

目前，宿迁市市场监督管理局、京东益世商服、京东商城三方已成功在京东智臻链平台完成部署，已有数千家商家营业执照信息成功上链。未来，京东将致力于协同各监管机构，不断拓展联盟节点，整合各监管与服务部门数据，推动形成基于营业执照的企业"生态链"。

2.应用技术选择情况

区块链电子营业执照应用主要考虑区块链组网模式、访问控制机制、数据隐私保护等方面的技术选择。

（1）区块链组网模式：区块链电子营业执照应用由相关行政职能部门牵头，相关方多方共治，当前组网模式主要考虑采用联盟链的模式。

（2）访问控制机制：区块链电子营业执照应用涉及行政主管部门、周边服务从业企业、证照信息使用企业、技术服务提供企业等参与方。不同的参与方在应用治理体系中的职能和诉求不同。区块链电子营业执照应用需要区块链平台和相关产品提供严格的用户身份检查功能，并能支持灵活、细粒度的权限控制，用户身份检查可采用认证机构授权方式，权限控制可采用RBAC（基于角色的访问控制）、ABAC（基于属性的访问控制）权限控制模式。

（3）数据隐私保护：区块链电子营业执照应用中涉及私密敏感信息，需要提供健全的数据隐私保护机制。可以选择的隐私保护技术包括摘要上链、加密上链、加密传输、零知识证明、同态加密等。其中，摘要上链和加密上链用来避免私密信息直接暴露在账本中；加密传输主要用来防止通信过程中出现信息泄露的情况；零知识证明主要用来避免在验证环节公开私密信息；同态加密可用于确保在数据私密状态下进行信息处理。

3.应用治理情况

（1）区块链电子营业执照应用联盟采用联合治理形式，由工商行政管理部门牵头组建联合治理委员会。在参与成员管理方面，通过基于认证机构身份认证实现联盟链准入控制，并且新成员加入许可链之前，需要签署正式的具有法律效力的成员协议。

（2）区块链电子营业执照应用采用面向角色的权限控制，不同参与成员根据职责定位拥有不同的权限，具体权限类型包括：

①业务操作权限：工商行政管理部门负责将电子营业执照登记、变更、审核等信息写入区块链，电商平台参与者拥有链上电子营业执照信息的读取权限。

②平台运营权限：联合治理委员会负责平台运营。在具体实施中，联合治理委员会可委托有资质的技术公司负责平台运营。

③运维开发权限：联合治理委员会负责运维开发。在具体实施中，联合治理委员会可委托有资质的技术公司负责运维开发。

④监管和审计权限：联合治理委员会代理监管和审计权限，包括检查链上业务数据、监控许可链的运行状态等。

（3）区块链电子营业执照应用对于共识节点的管理包括：

①共识节点加入：联合治理委员会进行节点拥有者身份审查、节点安全性评估，并将授权的共识节点写入区块链配置中。

②共识节点监控：联合治理委员会监控共识节点的运行状态，包括在线率、块高度、软件版本等，及时发现发生故障、被黑客劫持、不满足联盟定义的节点规范等异常状态的共识节点。

③共识节点退出：共识节点可自愿退出联盟，联合治理委员会也可以将

处于异常状态的节点强制退出。

④共识节点替换：当有共识节点自愿或被强制退出后，联合治理委员会可根据需要选择一个候选节点进行节点替换。

（4）区块链电子营业执照应用中通过设置独立观察节点和监管审计智能合约，对链上活动进行实时监督，对异常活动进行干预，并保存完整的链上数据和日志等资料。

4.小结

基于区块链的电子营业执照应用可将监管部门的营业执照及相关字段上链，确保上链的数据不被篡改，保证数据真实性，提高企业办事效率，推动电子政务发展及效率提升，可实现各方数据互通匹配，大大缩短商户入驻平台需要的材料审核时间，降低人工审核的成本，协助监管部门实现数字化管理，助力企业全面实行数字化转型。

第六节 区块链产业发展状况

一、区块链企业地区分布

据不完全统计，中国（不含港澳台，下同）共有区块链企业439家，绝大多数公司位于"北上广深杭"。其中，位于北京的占比为34%，位于上海的占比为21%，位于广东的占比为17%，位于浙江的占比为10%，位于其他地区的合计占比为18%。

二、区块链企业行业分布

我国区块链企业的行业分布较为集中，主要是金融服务行业和企业服务行业，合计占比超过80%。区块链企业在金融服务行业的业务主要涉及跨境支付、保险理赔、证券交易、票据等；区块链企业在企业服务行业的业务主要涉及底层区块链架设和基础设施搭建，为互联网及传统企业提供数据上链服务，包括数据服务、BaaS平台、电子存证云服务等。区块链企业的行业分布情况，如图5-15所示。

从整个行业分布来看，我国区块链产业发展还处于起步阶段，覆盖的行业及领域有限。但是也有一些利用区块链技术特性实现新的商业模式的项目，如链上数据交易服务等新兴领域。

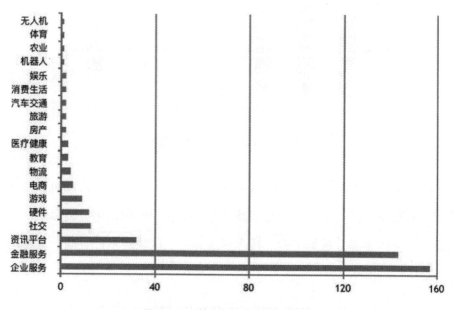

图5-15　区块链企业的行业分布情况

三、区块链主要地区产业分布

据不完全统计，位于北京的149家区块链企业，涉及行业包括金融服务、企业服务、资讯平台、社交、硬件和游戏等，细分领域包括支付、交易清算、数据平台、开发平台、防伪溯源、供应链管理、数据服务、区块链基础设施等，如图5-16所示。

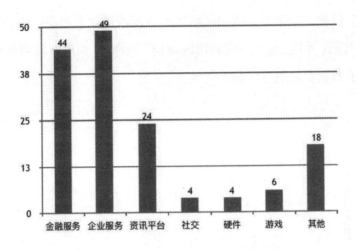

图5-16　北京区块链相关企业行业分布情况

　　据不完全统计，位于上海的91家区块链相关企业，涉及行业包括金融服务、企业服务、资讯平台、物流和硬件等，细分领域包括供应链金融、区块链投资、防伪溯源、数据平台、技术解决方案、区块链基础设施、交易清算等，如图5-17所示。

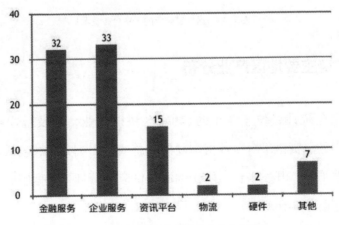

图5-17　上海区块链相关企业行业分布情况

据不完全统计，位于广东的76家区块链相关企业，涉及行业包括金融服务、企业服务、资讯平台、硬件和社交等，细分领域包括技术解决方案、数据平台、智能合约、交易清算、区块链基础设施、防伪溯源等，如图5-18所示。

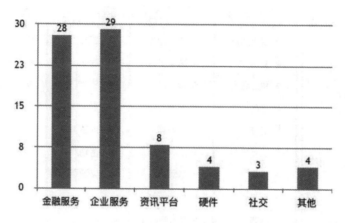

图5-18　广东区块链相关企业行业分布情况

据不完全统计，位于浙江的43家区块链相关企业，涉及行业包括金融服务、企业服务、资讯平台、社交、体育、硬件、娱乐和电商，细分领域包括供应链金融、开发平台、区块链基础设施、防伪溯源和电子商务等，如图5-19所示。

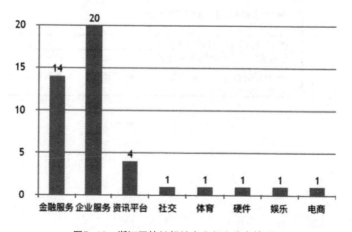

图5-19　浙江区块链相关企业行业分布情况

四、区块链产业图谱

区块链产业涉及面较广，其图谱如图5-20所示。

图5-20 区块链产业图谱

区块链：从**苹果到蜜**

区块链：从**苹果到蜜**

第六章

区块链在应用领域的
进展

一种新技术是否能够真正推广应用，受到诸多因素制约，其中最重要的一点就是能不能找到一个适合自己发展的平台。

以比特币为代表的加密货币，长期自主运作，能够支持全球范围、实时、可靠交易，这是传统金融体系无法做到的。这让人们对区块链技术的潜在应用产生了无尽的想象。如果将来以区块链技术构建的业务价值网能够实现，那么一切交易都将被有效地实现，并且不会被假冒；所有签订的合约均能严格遵守。这将大大降低企业运营成本，大幅提升社会交流、合作效率。在这种情况下，以区块链技术为基础的未来商务网络，可能是继互联网后的另一场重大工作方式变革。

当前，区块链技术已在金融交易体系中得到应用，在征信管理、跨国交易、跨组织合作、资源共享、物联网等方面，都出现了许多具有实际意义的应用实例。这里主要介绍区块链技术在各个领域中的应用创新。

第一节　金融领域

　　金融在国家经济增长与发展中起着重要的调节与控制作用。区块链技术应用于金融领域，通过共享分布式节点，共同维护一个可持续成长的数据库，保证了信息安全与准确。这是基于场景驱动、解决现实痛点，可以促进金融创新、服务实体经济、推动技术升级的变革。

一、发展背景

　　在中国信息通信研究院发布的《区块链白皮书》中，区块链被定义为一种由多方共同维护，使用密码学保证传输和访问安全，能够实现数据一致存储、难以篡改、防止抵赖的分布式账本技术。中国人民银行发布的《金融分布式账本技术安全规范》将分布式账本定义为一种分布式基础架构和计算范式，包括密码算法、共识机制、点对点通信协议、分布式存储等。分布式账本是区块链的核心技术之一。除了分布式账本之外，区块链的核心技术还有非对称加密、共识机制、智能合约等。正是这些核心技术让区块链具备去中心化、开放性、独立性、安全性和匿名性等特性。区块链的这五大特性，将有助于构建数字经济的信任基础设施，推动产业链中的多方分布网络建设，促进经济发展。

2021年，区块链产业政策遍地开花，中央各部委、各地政府共出台了1 000多项与区块链相关的政策。

2021年，在区块链专利申请数量方面，中国居于世界前列，占全球专利申请总量的84%。其中，区块链技术专利申请人主要集中在北京、上海、浙江、江苏和广东。

2021年，中国区块链标准化工作突飞猛进，全年新增了82个区块链相关标准，占全国区块链标准总数的53%。

二、现状分析

从目前我国互联网金融和金融科技发展的具体情况看，金融业在很多领域、业务办理方面都与信息技术紧密结合。我国银行、保险、证券等金融业企业正逐步推进数字化进程。信息技术在一定程度上提高了金融行业的效率和管理水平，同时也带来了金融风险的新特征。这些现象的出现，使金融行业面临着更大的挑战。金融行业要不断提高自身能力，采取针对性措施，完善金融行业发展的制度规范，营造良好的内外部环境，促进信息技术与金融行业良性互动。

金融行业与信息技术融合的核心特征是将信息技术应用于金融领域。信息技术应用于金融行业的优势主要体现在：

（1）信息安全性。基于区块链技术的网络安全工作原理是由多个节点承担数据记录任务，通过节点之间相互传递需要的数据，从而形成一个庞大而精确的数据网络。在数据传输期间，下一节点将检验上一节点传输数据的真实性。因此，数据造假比以往更加难以实现。区块链技术在保证数据传输效率的同时，还保证了数据的真实性和准确性。在这个过程中，信息不断积累和传播，最终形成了一个统一的信息库。信息技术应用于金融业务信息管理活动，可以有效地维护金融行业信息安全，提供可靠的信息资源保障，促进金融业务信息管理活动开展。

（2）去中心化。与传统数据库技术相比，区块链技术最大的不同之处在于它具有去中心化的特征。在基于区块链技术构建的网络中，每个节点都是平等的，每个节点承担的任务各不相同，有的节点负责记录数据，有的节点负责传输数据，还有的节点负责上述两种任务。整个网络系统是通过各个功能节点相互协作运行的。在这种模式下，当某个节点出现故障，无法正常运行并完成相应的工作时，它的工作内容将由其他节点代替，而不影响整个网络系统正常运行。以区块链技术为基础的网络具有去中心化的优势，将为金融行业运营提供可靠的网络技术支持，从而进一步提高金融业务信息管理活动的效率与水平。

银行业是金融业数字化转型最为全面和广泛的领域之一。目前，很多银行已经建立了自己的金融科技子公司。随着大数据时代到来，信息技术已经渗透到银行的各个方面。灵活运用信息技术能完善银行风险控制系统，增强银行风险控制能力，增强银行数据分析能力。现阶段，银行的多项业务已经初步实现了数字化转型：互联网移动支付，主要创新领域包括信息安全、图像和人脸识别、支付、实时清算协议、电子钱包等综合支付服务业务、跨境支付平台应用场景等；小额信贷，利用投资资金和数据驱动的在线网络数据平台，直接或间接向用户和小微企业借贷资金；金融服务，金融科技公司在收集和处理金融信息方面呈现出系统化、智能化、自动化的趋势，包括前台投资决策、中后台风险控制管理、运营机制管理等，为投资决策提供参考。

保险业数字化仍处于起步阶段。目前，许多保险公司实施了数字化发展战略，通过信息技术优化保险业务，提高了保险业务的风控、服务和精算水平。在现阶段保险业转型的过程中，信息技术正不断推动保险核心环节转型。通过应用信息技术，保险公司可以更准确地分析用户需求，从而推出更加完善的保险方案。

在监管机构的大力支持下，证券公司纷纷加大对信息技术的投入，通过与高科技企业合作提升自身的运营效率和服务水平。证券公司利用信息技术，一方面可以提高挖掘客户价值的能力，使客户服务更加精准、细致；另一方面，也可以提高证券公司服务水平，优化用户体验。

三、未来趋势

区块链系统基本框架包括数据层、网络层、共识层、激励层、协约层、应用层。

数据层封装底层数据区块以及数据加密、时间戳等；网络层包括分布式组网机制、传播机制、验证机制；共识层主要封装网络节点的各种共识算法；激励层主要是把经济因素纳入区块链技术体系，包括发行机制、分配机制；合约层主要对各类脚本、算法、智能合约进行封装，为区块链编程特性奠定了基础；应用层则将区块链应用场景与案例封装起来。

区块链系统代表性的创新点包括基于时间戳的链式区块结构、分布式节点的共识机制以及基于共识的经济激励与灵活编程智能合约。

基于以上技术特点，区块链解决了金融行业存在的四个问题。

1.信用

金融机构从本质上来说是一种信用中介。信用体系建设能够提高社会运行效率，减少无效作业，简化和优化流程。但是衡量一个人信用的维度有很多，也很复杂。区块链金融的本质在于解决信用问题。区块链金融具有点对点交易、分布式账本、不可篡改等特点，具有快速、低成本等优点。借助区块链技术收集、整理金融行业相关的票据业务信息，实现票据信息可追溯，可以降低信息不对称性、加强交易用户之间的信任感。

2.风险

金融风险既有非系统性风险，也有系统性风险。非系统性风险是指除了系统性风险以外的偶发性风险。系统性金融风险是指参与金融活动或交易的整个系统由于外部因素或内部因素的影响而发生剧烈波动、危机或瘫痪，使单个金融机构无法幸免，通常以国家、地区战争或骚乱，全球性或区域性经济衰退等形式出现。这些因素单独发生或综合发生，导致证券价格剧烈波动，涉及面广，无法事先采取针对性措施规避和利用，即使分散投资也无法降低风险。

金融行业防范非系统性风险的主要手段是层层审核，但是这样做的成本很高。随着各种监管法规不断完善，金融监管范围逐渐扩大，监管成本不断上升。区块链可以通过防篡改、高透明度以及去中心化实时结算与清算降低监管成本。此外，运用区块链技术，可以构建宏观经济环境指标、行业环境指标、核心企业指标、背书人信息指标、核心企业和背书人的法人信息指标、征信指标、票据层面指标等。这样既可以根据风险得分判断业务的可行性，又可以通过动态调整风险得分，实时监控已开展的业务。因此，区块链技术应用于金融行业，可以有效降低成本和风险。

3.知识产权保护

分布式存储技术是提高知识产权服务效率的有效途径。当数据库出现问题时，其他节点仍能正常工作。同步更新机制保证了整个网络的一致性和同步性。共识机制的特点是使用多种方式共享信息，如公有链、私有链和联盟链：私有链可以保证区块链完全由某个组织或机构控制；联盟链是由预选节点控制的区块链，可以促进联盟成员之间技术交流和转移，并保证数据私密性；公有链可以为所有主体提供信息搜索、查询等活动。智能合约保证了可追溯性，一旦开始执行知识产权服务，合约逐项完成后立即生效，可以查询。时间戳可以保证数据来源和更新内容的可靠性，从而保护知识产权。

4.资产证券化

资产证券化包括以下三个方面。

（1）固定资产证券化的对象包括房地产等。通过区块链技术，金融机构可以将固定资产的相关信息转化为适合于区块链环境的价值数据，从而实现一定程度的通证化，实现资产证券化。

（2）企业、组织收益证券化的对象包括股权、收益权、分红权、代币流通增值收益权等。借助区块链技术，金融机构可以将企业、组织的经济活动、未来收益和延伸收益等资产证券化。

（3）流通资产证券化的对象包括石油、钢材等原材料和大宗商品。借助区块链技术，金融机构可以将这些资产证券化，提高企业资产的流通效率。

区块链技术在中国资产证券化市场中有着巨大的应用潜力，其应用范围可以涵盖证券化产品设计、发行、交易、结算等各个环节。金融机构运用区块链技术对这些环节重新设计，可以为自身带来一系列潜在的收益。

　　区块链技术在金融领域的应用尚处于起步阶段，但作为一种创新的金融科技解决方案，它已经显示出作用和优势。2020年，中国人民银行发布了《金融分布式账本技术安全规范》。种种迹象表明，"区块链+金融"正在规范化、系统化的基础上不断创新。

第二节　电信领域

就像互联网一样，区块链不只是一种技术和工具，也是一种思想方法的体现。它具有去中心化、不可篡改、不可抵赖等特性，可以为通信产业提供一种崭新的信用形式，为通信产业的发展提供了一种崭新的思路，有助于通信产业发展。目前，国外电信公司通过直接投资、联盟合作和自行研发三种方式应用区块链技术，已经在部分通信业务中获得了成功。

我国通信产业很多企业都或多或少地参与了区块链技术应用，并且与相关部门进行了一些合作。这些企业不但推进区块链技术国际合作，而且深度探讨、发掘其实际应用场景，根据产业特征，致力于开发以区块链技术为基础的电信领域应用平台，解决电信行业现有难题，共同推动区块链在电信应用场景落地，建立电信领域新的行业"生态"。

一、国内外电信区块链的推进

美国电信巨头美国电话电报公司（AT&T）是最先开始推进区块链技术在

电信业务中应用的企业之一。它申请了一项利用区块链技术为家庭用户提供服务器的专利。这是通信行业在区块链领域的第一次应用研究。

法国电信公司Orange（橙子）公司采用区块链技术实现金融服务自动化运行，并加快结算速度，这在某种程度上降低了清算公司的费用。

中国电信推出的"镜链"，为企业提供了完善的区块链追溯基础设施，并获得"2018中国双创好项目"奖。中国电信自主研发的以区块链技术为基础的IoT平台，将中国电信和政府的网关资源结合在一起，形成了一个分布式的共享经济平台，保障了用户数据和设备的安全。在标准化领域，中国电信率先在国际电信联盟第十六研究组（ITU-TSG16）建立了第一个关于分布式会计的国际化标准，也就是分布式账本的要求和能力标准。

当前，国内外通信公司都在积极布局区块链技术，抢占区块链"技术高地"、加大技术研发投入、加强应用试点示范效应、提高曝光率和影响力，并加强多方合作，建立行业"生态"。

区块链技术的出现既是一个挑战，也是一个机会。世界各地的电信企业都希望能够把握住这一新技术革命的机会，实现自身的发展目标。

二、国内电信区块链发展现状

随着大数据技术推广与运用，使数据资源的价值越来越被人们关注与认同，数据流通和共享的需求也在不断增加。数据流通与共享可以使数据资源的价值得到充分利用，从而促进商业模式创新和产业转型、升级。国务院印发的《促进大数据发展行动纲要》明确提出"鼓励产业链各环节的市场主体进行数据交换和交易，促进数据资源流通，建立健全数据资源交易机制和定价机制，规范交易行为等一系列健全市场发展机制的思路与举措"。由于电信领域的大数据具有真实、完整、规范、高质量、应用广泛等特性，电信企业对于数据流动与共享的需求变得越发迫切和强烈。

在国家颁布的各项政策积极引导下，在地方政府和产业界大力推动下，许多地方和公司已经开始在北京、贵州、江苏、上海、浙江等地建设大数据交易中心，开始对大数据流通和共享进行探索和研究。我国三大电信运营商都在大力推进各种内部大数据业务支持和外部行业"变现"，也在积极地规划和实施通信业务信息流动与共享。但是，从整体上看，我国电信大数据流通与共享还处在初级阶段。数据主要是由三大运营商自己提供，没有形成多行业、多数据所有方、多数据应用方组成的数据流通渠道。因此，在我国的社会治理和经济发展过程中，数据资源的使用效率有待提高，数据资源的价值有待进一步挖掘。

三、电信领域数据流通现存问题

当前电信领域大数据流通与共享存在三大问题。

（1）数据交易环境缺乏规范性和完备性管理，数据确权、数据定价等核心问题尚未得到全面解决。由于我国大数据流通市场尚处于初级阶段，相关法律法规、规章制度、保障体系等还不健全，权益和监管体系不完善，分级分类机制不完备。各交易平台在建设过程中自行探索标准体系，出台各类公约，但各自相对独立。关于如何处理大数据流通交易中的很多共性敏感问题，如数据定价、数据确权等，目前还没有全面、权威、有公信力的解决方案。

（2）随着《中华人民共和国网络安全法》实施，非法数据贩卖正式被纳入刑法。数据安全和隐私保护相关方面的要求越来越高。但是由于数据流通体系各环节缺乏统一认识，电信企业为了规避风险，往往采取非常谨慎的策略进行数据共享与交易，从而增加了数据流通的难度，缩小了数据流通行业的规模。因此，数据流通领域迫切需要应用新技术，帮助数据流通环节各企业建立完善的数据安全体系。

（3）现有的数据流通方式主要是"中心化"的，如由政府机构参与建立的集中数据共享方式，或由数据提供者和数据需求方组成数据交易中介机构，或以数据生产或数据服务企业为主导建立数据交易平台。这种"中心化"模式更适合如银行业等被政府集中监管的行业，或者存在一家具有广泛公信力的中介机构的行业。我国电信领域的数据由三大运营商各自拥有，没有一家具有广泛公信力的中介机构。由于各自用户群体不同，三家运营商只能提供部分数据，不利于跨行业数据融合共享。

四、区块链对电信领域数据流通的价值

在分析了目前我国电信领域数据流通中存在的问题及现状后，可以发现，区块链技术在电信领域数据流通过程中具有较好的应用价值。

区块链具有分布式、自组织的特性，可以用来构建分散协作、数据共享的去中心化的松散"生态"环境。电信领域的数据主要源于三大运营商，其数据类型、格式、内容都有很高相似性，在相同的需求场景下可以被合理应用。三大运营商或相关数据代理机构或持有电信数据的中介机构、数据需求方等可以自愿组成联盟链，数据持有者可以将数据元信息、样本数据等共享

到链上，需求方可以根据自己的目的提出需求，完成数据交易和数据权属转移。基于区块链技术，这种联盟链构建了一种新型的"去中心化"数据流通体系。

以区块链为基础的分布式账本结构，实现了数据流通记录公开透明、不可篡改、可追溯，充分反映了流通过程中各个环节的状况，建立了数据流通链条之间的信任关系。

基于共识机制，确权信息和数据资源可以被有效绑定和存储，数据资源在产生或流通之前可以被有效保护，全网络节点能够同时验证确权信息的有效性，从而明确数据资产所有权人的身份。数据确权建立了全新的、可信赖的大数据权益体系，为数据交易、公共数据开放、个人数据保护提供技术支持，为维护数据主权提供有力保障。

基于区块链技术，流通数据可根据智能合约等被统一分级管理，从而实现统一定价，解决数据价格不统一、随意定价等问题。

在数据安全方面，智能合约独立运行，除了数据授权方和利益相关方之外，没有任何人能够接触到相关数据。权限访问数据严格按照智能合约设定，这样就有效地保证了数据隐私性。

在数据交易过程中，通过建立规则，智能合约代替实际合同，实现链上支付和自动获取数据访问权限，提高交易自动化程度。

第三节　供应链领域

一、供应链领域存在的问题

现阶段的供应链涉及了众多参与方，也涉及了大量信息共享行为，还涉及敏感信息和信息安全。一般来说，在供应链中有话语权的企业会建立起一个平台，方便上下游企业之间的信息流对接和线下合作，但是这种平台的安全性和完备性，完全依赖于核心企业，不仅要付出巨大的成本，还要承担风险。传统供应链模式，如图6-1所示。

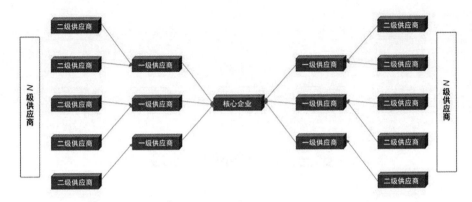

图6-1　传统供应链模式

供应链中存在着物流、信息流和资金流等方面的问题。产品积压造成滞销库存、库存不足造成"断货"；信息不同步、不对称造成企业间沟通成本增加；资金周转周期长，大量资金被占用，企业发展受到制约。很多企业存在设备数据处于"孤岛"、一线员工重复工作、机构臃肿、沟通成本高、信息传递效率低等问题。

二、区块链对产业供应链的优化

1.联盟化

一个复杂的供应链顺利地运作离不开大量参与者互相信任。举例来说，制造商需要供应商保守产品质量标准、生产规范等商业秘密。在供应链中，区块链的特点可以被用于防止篡改数据和建立信任。

区块链技术支持集体维护共享账本，实现节点间数据存储、共享和流转，保证所有在链上的信息同步。

区块链联盟使各机构共同参与到区块链管理中，每个机构都有一个或多个节点，只允许系统内不同机构进行数据读写和发送，并共同记录交易数据。

联盟链服务于特定群体，内部指定多个预选节点作为记账节点，每一个区块的产生由所有预选节点共同决定，授权节点可以加入网络，根据权限查看信息，常用于机构间构建的区块链系统。半开放联盟链在商业扩展方面具有三大特点：低成本运营与维护；交易速度快，可扩展性好；联盟维护，比私有链更值得信赖。

联盟成员可以在商业合作中保护自己的信息隐私。因为联盟是由所有参与者共同维护的，所以不会有任何信息被篡改的可能性，联盟成员对联盟链可以保持和对公有链一样的信任度。

与私有链相比，联盟链在操作空间和效率上具有更高的价值；相比于公有链存在的完全去中心化、不可控、隐私安全等问题，联盟链更加灵活，更加具有操作性。联盟链具有运行成本低、维护简单、交易速度快、可扩展性好等特点，尤其适合机构间交易、结算、清算等场景。

基于区块链开放、共识、多中心网络信任的特性，联盟不仅能可靠地掌握上下游企业的状况，建立交易关系，跟踪交易状况，了解间接环节直至最终消费者的状况，还能提供监管者介入的接口，有利于政府和市场监管。这样有利于保护生产者、流通渠道及最终消费者。

使用区块链并不意味着要取代已被证明有效的供应链交互形式，如能够实现公认业务价值的EDI（Electronic Data Interchange，电子数据交换），以及集成到企业应用系统的管理信息系统形式，如ERP（Enterprise Resource Planning，企业资源计划）。区块链可用于提供信息流合成记录，例如利用物联网技术改善物流流程监控。这种程度的共享可视性使企业有机会优化多方参与的供应链流程。

最后，随着区块链技术发展，将会有越来越多的企业采用区块链智能合约，从而进一步简化异常情况处理流程，实现供应链流程自动化。

2.存证

由于供应链涉及多个主体，涉及范围广，存在着大量不信任问题。各个环节的信息都是孤立存在的，使得取证和解决矛盾变得更加困难。传统的供应链中的信息需要人工验证，存在成本高、效率低下等问题。大型企业的供应链往往处于快速运作的状态，难以对其中的信息进行人工验证。

由于区块链的特性，数据产生、存储、传播和使用全过程具有较高可信度，用户可以通过程序直接记录整个操作过程，比如电子合同、维权流程、服务流程等。区块链在电子运单、电子仓单、电子提单、电子合同等方面的应用，大大提高了区块链电子存证的效率，同时也为供应链各参与方节省了成本。区块链还提供了实名认证、电子签名、时间戳、数据存证和区块链全流程的可信服务。参与联盟链的每一个单位都是链上的节点，可以建立起一个完整的信任体系。区块链能够解决供应链上包括信息"孤岛"、取证困难等一系列围绕取证的信任问题。

3.供应链金融

供应链金融是一种典型的多主体参与、信息不对称、信用机制不完善、信用标的非标准化的场景。这些特点使供应链金融非常适合应用区块链技术。

区块链技术在供应链金融领域的应用大多采用联盟链或私有链的形式，利用信息不可篡改、一定程度的透明化、信用分割流转等方式，为供应链金融全面"赋能"。

供应链金融领域的主要应用场景为应收账款、应收账款合约，会存在一定的违约风险。区块链技术使得这一过程易于确权，利用智能合约进一步保证合约履行。作为打通供应链金融多方主体的工具，区块链推动了各主体协作，有利于对底层资产进行"穿透式"监管，可以建立新的信用、资产评级体系。

4.供应链溯源

供应链中的各单位都想知道产品的真实信息，以此作为做出正确决策的基础。但实际上，各单位需要花费大量时间和精力才能获得比较全面的产品信息，而且未必都是真实的。如果能追溯到产品的源头，就能共享信息，提供更多有效信息，从而提高供应链的整体运营效率。

传统的溯源流程，比如打印并粘贴条码，并不是每一道工序都有，程序可以人为修改，还可能存在条码被涂抹、模糊不清、难以辨认的情况。这就给溯源带来了很大的麻烦，甚至导致无法溯源。

溯源流程与区块链技术相结合，可以追溯产品的原材料供应商、加工流程、质量信息、设备编号、制程负责人等信息。如此，供应链上的各单位都可以清楚明晰地了解产品的真实状况。

在清楚地了解产品全生命周期数据后，技术人员和维护人员可以迅速发现问题所在，并对造成问题的环节进行改进和优化。这样可以保障供应链运行良好，杜绝不良品、残次品流入下一工序，避免出现不必要的权责纠纷或返工等情况。即便产品出现问题，责任方也能被发现，从而快速有效沟通，确定解决方案。

区块链不可篡改的分布式账本记录特性，与物联网技术相结合，实现了从源头、生产、运输、交货的全过程追溯，利用时间戳、共识机制等技术手段保证数据可追溯、不可篡改，为供应链溯源提供技术支持。这样还能将监管与消费者纳入链上监督体系，实现三方监管，确保供应链流程透明，打破信息"孤岛"。基于区块链技术的溯源的基本模式流程，如图6-2所示。

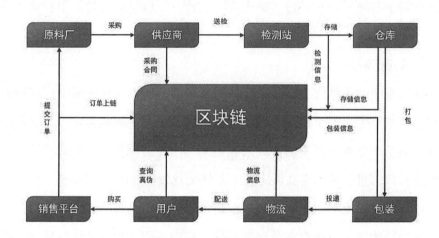

图6-2 基于区块链技术的供应链溯源流程

区块链的不可篡改性，以及链上各方共同参与维护账本信息的特点，使得写入区块链的数据具备实时、有序、真实、不可伪造等特性。区块链技术应用于供应链，可以支持多种实物扫码或编码录入方式溯源，杜绝了身份造假、恶意复制放大流通量的现象。区块链技术能够使供应链中的多方信息在生产企业、物流企业、批发企业、零售企业、消费者以及政府监管机构中共享。

第四节　游戏领域

区块链游戏是指DApp中的游戏类区块链应用，需要和不同的区块链公有链进行交互。区块链游戏将区块链技术的非中心化、不可篡改的特性附加到游戏中，使用户在游戏中获得独特的体验。除了DApp之外，区块链游戏产业还包括区块链游戏开发平台、应用平台和其他区块链游戏应用。

一、传统游戏发展

在过去20多年里，传统游戏经历了一段欣欣向荣的时期。从像素类小游戏到单机游戏，再到网络游戏、手机游戏，游戏在设计上越来越成熟，受众群体也在不断扩大。根据中国音数协游戏工委发布的《2022年上半年中国游戏产业报告》显示，2022年上半年，国内游戏市场实际销售收入为1 477.89 亿元，如图6-3所示。

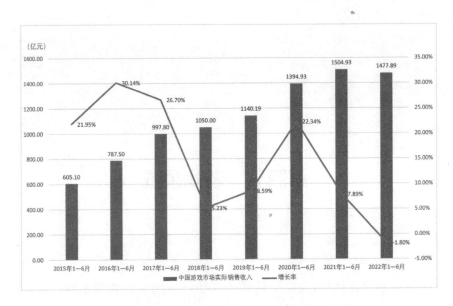

图6-3　2022年1—6月中国游戏市场实际销售收入及增长率

2022年上半年，中国游戏用户规模约6.66亿人，同比下降0.13%，稳中略降，如图6-4所示。游戏行业用户增长红利近乎消退，进入存量竞争时代。

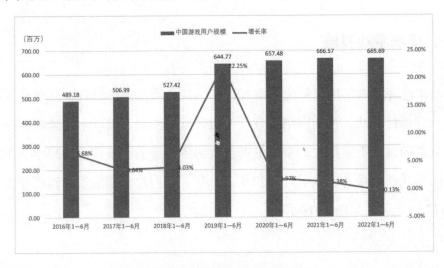

图6-4　中国游戏用户规模及增长率

游戏产业的蓬勃发展得益于以下三个层面：需求层面、供给层面、观念层面。在需求层面，经济发展，科技进步，游戏满足了人们对生活体验的追求；在供给层面，游戏行业不断发展，技术更新迭代，提供大量优质游戏满足市场需求；在观念层面，玩家对于游戏的看法开始发生变化，游戏不再被认为是导致人玩物丧志的"精神鸦片"，而是逐渐融入人们的日常生活中。电子竞技已经被纳入杭州亚运会比赛项目，电子竞技员也成为近些年设立的职业之一。

以服务器运作与存储为中心的传统游戏，也面临着一些问题，比如：

（1）数值不透明和任意更改规则导致用户信任危机；

（2）渠道、发行收益被巨头垄断，优质游戏难以脱颖而出，开发成本高，成功率低；

（3）虚拟资产不属于用户，无法顺利实现价值流通，影响用户体验；

（4）游戏内部存在"通货膨胀"，玩家的利益得不到保障，前期获得大量游戏币、装备、道具，在中后期面临贬值风险；

（5）游戏系统不流通，游戏里的资产无法跨游戏流通，导致游戏生命周期结束后，所有的积分和道具都会被清空，玩家的利益受到很大影响。

不管是技术层面上的，还是模型设计层面上的，这些问题都像是一道无法逾越的鸿沟。区块链技术的出现和发展给解决这些问题带来了希望。

二、区块链游戏的改进

为了解决传统游戏面临的一些问题，将区块链技术的特性附加到游戏中，将是一种行之有效的解决方案。与传统游戏相比，DApp具备五个方面的优势，如图6-5所示。

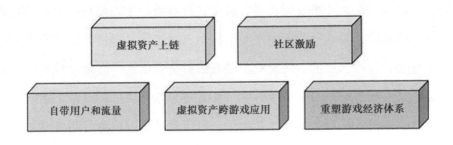

图6-5　DApp五个方面的优势

（1）虚拟资产上链。利用区块链的资产发行功能，将游戏中的货币、道具等物品转化为资产，玩家可以自由转移游戏中的物品和积分，甚至通过游戏赚钱，从而拥有更好的体验。虚拟资产存储于区块链中，可通过智能合约的形式实现点对点交易，并可通过区块链查看所有交易记录，真实可信。

（2）社区激励。传统游戏倾向于中心化，游戏开发相对封闭。在DApp中，用户可以作为游戏社区的一员参与游戏开发和建设，并获得奖励。游戏社区可以根据Token的经济激励，选择并实现各自的治理方式和游戏规则。区块链有望使游戏社区化，大幅催生用户原创内容（UGC），延长部分游戏的生命周期。

（3）自带用户和流量。区块链技术有利于打破游戏发行渠道垄断，形成全新的自分销网络。有了区块链和Token，用户下载、注册、激活、消费等行为都会被记录下来，形成共识，为后续广告精准投放打下了坚实的基础。

（4）虚拟资产跨游戏应用。根据区块链的账本属性，数字资产可以在链上自由流通，同一链条上的多款游戏也能打通资产转移通道，增强游戏间的互动性。随着跨链技术逐渐成熟，虚拟资产在不同链上也能实现价值传递。

（5）重塑游戏经济体系。区块链游戏经济体系的设计不再是传统的数值游戏。它可以建立起一个开放的、友好的游戏体系，实现游戏价值评估的范式转移。区块链游戏的价值已经从传统的盈利模式转变为社区、用户双赢的盈利模式。

三、区块链游戏目前的缺陷

与传统游戏相比，区块链游戏存在着一定的缺陷：一方面，为了追求去中心化，牺牲了一部分游戏的体验和性能；另一方面，这一新兴领域缺乏资金和用户。区块链游戏目前的主要缺陷，如图6-6所示。

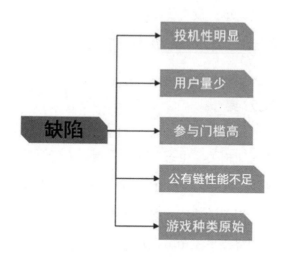

图6-6 区块链游戏目前的主要缺陷

（1）投机性明显。部分区块链游戏具有较强的投机性，很多玩家参与游戏是为了投机。

（2）用户量少。目前区块链用户的覆盖率还不到1%，在游戏这种需要人际互动和交流的应用中，区块链游戏显得人气不足，很难形成规模效应。

（3）参与门槛高。区块链游戏对玩家的要求很高：一方面，DApp需要专门的钱包，需要消耗大量的资源，而且涉及私钥的安全和保存；另一方面，部分依托公有链的游戏，在玩游戏时要消耗一定的费用，游戏成本过高也会影响游戏体验。

（4）公有链性能不足。一个《加密猫》应用程序就能让以太坊网络崩溃。大型游戏都在追求高并发和零延迟，然而目前公有链的性能远远达不到这个要求。

（5）游戏种类原始。目前大多数区块链游戏都是以养成、博彩、卡牌为主，玩法简单，界面简单，没有传统游戏那么吸引人。像竞技这种比较流行的游戏玩法，目前还无法在区块链游戏中实现。

四、区块链游戏分类

随着区块链技术和相关"生态"蓬勃发展，人们开始探索除了支付之外的加密货币应用场景。游戏对玩家的黏性很强，强调互动性，再加上游戏道具具备通证化倾向，因此游戏成为区块链技术比较容易应用的领域。目前区块链游戏项目主要围绕以下三个方向展开：区块链游戏、基础游戏公有链服务、区块链游戏服务商。

区块链游戏指的是特定游戏应用程序，比如《加密猫》。此类游戏通常依托于主要公有链如以太坊，游戏道具以数字资产形式呈现，如ERC-721标准；游戏中的一些操作会被记录下来，根据公有链的特性，有些需要消耗一些公有链的代币作为游戏费用。由于目前各公有链的特性还不够成熟，因此区块链游戏的制作与设计通常比较简单，目前主要分为四个类型：模拟养成类、策略类、休闲类、博彩类，如图6-7所示。

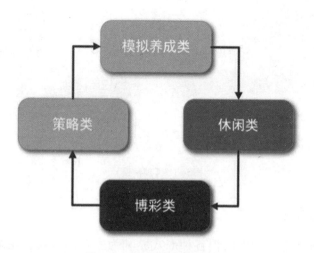

图6-7　区块链游戏的四个类型

1.模拟养成类游戏

这类游戏以《加密猫》为代表，如图6-8所示。《加密猫》通过把具有稀缺性、独一无二的数字资产映射成游戏角色，玩家可以通过喂养、繁殖、交易等一系列操作来获得乐趣和成就感。《加密猫》采用ERC-721标准，确保游戏中的每只猫都具有独一无二的特性，使这些猫不仅具有娱乐性和消费性，而且具有收藏属性。

图6-8 《加密猫》

2.策略类游戏

策略类游戏是一种以取得各种形式胜利为主题的游戏。在策略类区块链游戏中，游戏模式包括闯关、冒险、体育比赛、卡牌等。其中最具代表性的就是《被解放的众神》（*Gods Unchained*），这是一款类似卡牌类游戏的集换式卡牌游戏，它的特点就是用独特的基于ERC-721标准的代币表示卡牌，让玩家拥有每一张卡牌的所有权。

目前该游戏中只记录了以太坊区块链的卡牌所有权，并不参与游戏的全部操作，所以游戏设计和传统游戏一样精致。该游戏每天活跃人数超过200人，成交量超过500笔。

3.休闲类游戏

这是一类仿照传统休闲类游戏制作的游戏，设计简单，操作简单，包括开心农场之类的生活游戏，以及猜拳、猜数字之类的简单游戏。虽然这类游戏的趣味性不高，但也是游戏"生态"中不可或缺的一部分。目前比较活跃的《捕捉小鸡》游戏日活用户、日交易量等指标均低于其他类型的活跃游戏。

4.博彩类游戏

一般说来，博彩类DApp在区块链行业中是单独划分的，但由于博彩游戏本身就具有很强的娱乐性，所以被归为游戏类。加密货币与生俱来就适应博彩行业的需要，它能够使交易更加灵活、高效，并且能够在一定程度上突破政策的限制，而非中心化的运作机制又能防止"赌场"作假，成为博彩业的"沃土"。

加密货币为博彩应用提供了技术上的便利和条件，博彩类游戏在一定程度上促进了区块链产业发展。2012年，首款以比特币为基础的博彩类游戏《中本聪骰子》吸引了众多玩家的关注和参与，其交易量一度达到比特币链上交易总量的一半。虽然也有基于其他加密货币的博彩类游戏，但效果远远比不上《中本聪骰子》。随着博彩类游戏的发展，其玩法也越来越复杂。

五、区块链游戏平台

区块链游戏平台可以整合多种资源，为区块链游戏提供服务，包括区块链游戏开发平台、区块链游戏应用平台、区块链游戏类公有链和区块链游戏虚拟资产交易平台。通过区块链游戏平台，用户和开发者可以简化游戏的开发和使用过程。同时，这种平台也可以为游戏带来更多的流量和关注度。

1.区块链游戏开发平台

区块链游戏开发平台主要是方便游戏开发者进行游戏开发。它的特点就是建立一个去中心化的游戏开发协作社区。相比于传统的中心化和封闭的游戏开发平台，这种平台的成员流动性更强，退出机制更灵活，开发者可以通过工作量证明机制获得收益，平台的利益即是整个社区的利益。目前，基于游戏开发平台的区块链项目有ENJ（Enjin，恩金）、GTC（Gitcoin，G币）、ION等。

2.区块链游戏应用平台

区块链游戏应用平台是一种综合性的游戏平台，通过创建和整合游戏内容，为娱乐服务提供应用场景，促进区块链技术快速普及与发展。这种平台不是只针对某一家公司或者某一个DApp，而是一个社区。目前相关区块链项目主要有LOOM（暗影）、1ST（FirstBlood，第一滴血）、TST（Thunder Stone Token，雷石币）等。

3.区块链游戏类公有链

目前大部分的商用公有链都能提供游戏相关的DApp，但为了满足区块链游戏的需求，也有很多专门的区块链游戏类公有链。这些公有链提供了一个完整的数字资产开发环境，以及数字内容资产化、管理、交易等"生态系统"。这类公有链主要有Ares（阿瑞斯）等。

4.区块链游戏虚拟资产交易平台

区块链技术赋予了游戏参与者对虚拟资产的所有权，虽然受限于目前的公有链性能，游戏类DApp的数量很少，用户也很少，只有OpenSea（公海）、Rarebits（稀有比特）等专门针对基于ERC-721标准代币的交易所。但是随着游戏"生态系统"不断扩大，为了满足游戏中的数字资产交易需求，各种各样的虚拟资产交易平台将会不断出现。目前涉及此类平台的项目有GTC、TST等。

六、区块链游戏发展历程

在区块链1.0时代，数字货币的主要属性就是支付，功能单一，受众数量有限，游戏开发条件还不成熟。2017年，以太坊掀起了区块链热潮，人们开始探索基于区块链应用的新方向。数字资产在交易、流通、投资、收藏等方面都有优势，区块链技术可以解决传统游戏中的一些痛点，比如中心化带来的问题、存在作弊现象等。

尽管如此，区块链游戏的"生态圈"还远远没有成熟，整个行业还处于起步阶段。区块链游戏的发展历程可以分为三个阶段：蛮荒期、探索期和成长期。

1.蛮荒期

在区块链游戏发展初期，大部分游戏应用还停留在博彩阶段，玩法非常简单。第一款区块链游戏是大名鼎鼎的《中本聪骰子》，它于2012年上线，一经推出就受到了广大比特币玩家追捧，其链上交易一度超过了比特币网络的一半，成为当时交易规模最大的比特币应用。

这款游戏的玩法很简单，就是在网站上选择赔率，然后发送比特币到对应赔率的二维码，赢了的人就可以在自己的比特币地址获得相应赔率的比特币。为了使玩家相信网站不会作弊，网站先公布密钥的哈希值，并且永远记录在链中。第二天，密钥就会被公布出来，供用户验证。

当比特币发送到游戏地址中，立刻就能知道结果并赢得筹码的方式受到了很多玩家的欢迎。2013年，这款应用以12万比特币的价格被售出，轰动了整个加密货币圈。

不过，在比特币取消了零确认机制和网络拥塞的情况下，《中本聪骰子》的热度迅速下降，直到比特币现金①分叉成功以后，《中本聪骰子》就变成了使用比特币现金。即便是在区块链游戏有所进展的情况下，《中本聪骰子》的活跃程度也仅次于《加密猫》和《以太小精灵》。

除此之外，还有很多开发团队基于加密货币的支付功能，开发出了类似的博彩类游戏，比如使用莱特币和门罗币的DApp。由于模式单一，这个时期的区块链游戏功能有限，很难继续深入下去。

2.探索期

在这一时期，加密货币迎来了2017年的大牛市，获得了更多人关注，资本与开发者也看到了区块链技术在游戏应用场景中的潜力，因此开始探索基于区块链技术的游戏DApp。在这期间，《加密猫》横空出世，将游戏DApp的开发热情彻底点燃。

《加密猫》无疑是最成功的DApp之一。2017年12月，玩家们的热情高涨，整个市场都陷入了非理性状态，天价"猫"不断刷新纪录，创下单日成交额达到4 833ETH的纪录。12月9日，《加密猫》的活跃到达顶峰，甚至一度让以太坊网络瘫痪。《加密猫》在2017年12月到2018年4月间每日ETH交易额，如图6-9所示。

---

① 比特币现金（BCH）是比特币的一种，属于新生代比特币，是一种新型的区块链资产。比特币现金有更大的区块，能够处理更多交易，手续费用比比特币低很多，处理速度也更快。

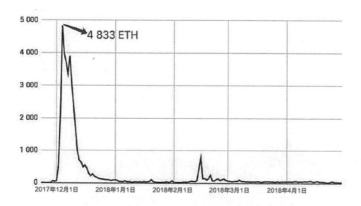

图6-9 《加密猫》在2017年12月到2018年4月间每日ETH交易额

从《加密猫》的ETH交易量的变化来看，早期用户活跃度最高，主要是因为区块链"交易属性"和"资产唯一私有特性"带来新鲜感，再加上以太网拥塞和高额的交易手续费，大部分玩家都选择了退出。即使如此，《加密猫》依然是区块链游戏中活跃度最高的DApp之一，目前每天活跃人数仍然稳定在500人左右，24小时成交额约为76ETH，24小时约发生7 000笔交易。

《加密猫》的里程碑意义在于，它向所有人证明了，在以太坊中，不仅有代币发行，还有更多的想象空间和场景。在这个阶段，区块链游戏的出现，主要是为了探索Token的概念。随着区块链兴起，《加密猫》的热度也越来越高，但随着区块链热度降低，《加密猫》的影响力也越来越弱，主要是因为这个游戏不能吸引更多的玩家。

尽管如此，《加密猫》的创意还是引起了一些科技巨头的注意，比如百度、网易、小米等都基于《加密猫》的创意推出自己的区块链游戏，比如《莱茨狗》《网易招财猫》《小米兔》等。虽然这些游戏采用了区块链技术，但本质上和《加密猫》采用的技术不同。

3.成长期

在此期间，区块链游戏公有链开始将区块链的相关特性与现有成熟的游戏相结合，逐步实现"游戏+区块链"。与探索阶段的野蛮生长相比，这个阶段的区块链游戏有了一系列进步，如图6-10所示。

图6-10　区块链游戏的进步

这个时期产生了两个具有代表性的游戏：《以太传奇》（*EtherOnline*）、《新世界》（*NeoWorld*）。

《以太传奇》是首款基于区块链技术的多人在线角色扮演游戏，如图6-11所示。各式各样的装备和宠物都是独一无二的数字资产，用户可以购买和出售。

图6-11　《以太传奇》

《以太传奇》引入区块链技术，保证了交易过程的安全性，并保证了任意装备和宠物的所有权。与之前简单的基于ERC-721标准的游戏相比，《以太传奇》在游戏性方面已经取得了一定突破，宝箱、装备、交易、互动竞技游戏模式都是由智能合约完成的。

《以太传奇》最大的突破就是将游戏的核心规则上链，但由于现有的公链和支付工具限制，玩家在游戏中的体验还有很大的提升空间，这也是为什么很多游戏都会选择"代币上链，规则在链下"的原因，比如《新世界》，如图6-12所示。

图6-12　《新世界》

《新世界》是一款以区块链技术为基础的多人网络沙盒游戏，由全球用户共同协作创建。在《新世界》的游戏世界里，用户创造其中的各种事物，并以此获得游戏中的财富。相比于传统的沙盒世界，《新世界》在保证游戏性的同时，降低了生存和建造的难度，更注重运营乐趣和社交乐趣。此外，不同类型的玩家都可以有创造价值和获得财富的机会。

七、区块链游戏价值分析

1.游戏资产赋予所有权属性

在游戏中，玩家获得的积分、道具都可以用基于ERC-20技术的Token表示，而非同类道具则可以用基于ERC-721标准的技术的Token来表示。游戏资产储存在个人持有私钥的地址里，就算是游戏公司也不能拿走。

强大的资产属性使得几乎所有被Token标记的物品都能自由交易，不受游戏规则限制。我们可以想象一下，一款大型网络游戏需要在个人计算机上运行，而游戏中的道具和积分则需要在游戏中交易。通过区块链技术，这些资产只需要储存在手机上的App里，就可以很方便地在游戏资产交易平台上交易。

2.促进不同游戏交流

区块链游戏中的数字资产并不是由游戏商创建的，而是通过一个去中心化的加密协议发行。就像《加密猫》里的数字资产一样，就算游戏不在了，玩家的资产也不会消失。

这一技术有助于在游戏中实现数字资产反复使用。随着游戏"生态"扩展，基于同一条公有链，不同游戏之间的数字资产可以相互兑换，甚至可以将某一种数字资产运用到不同的游戏中，增强游戏资产的属性，保证游戏资产保值。随着跨链和侧链技术不断成熟，不同公有链上的虚拟资产也能在游戏中相互流通，最终形成一个统一的游戏"生态"。

3.机制透明，增强游戏公平性

因为大多数区块链项目代码都是开源的，所以任何人都可以测试。游戏玩家可以直观地了解游戏规则。游戏规则是透明的，玩家可以清楚地知道游戏中各种宝箱开出奖品的概率，也可以相信稀有武器的稀有程度，还可以相信游戏开发商的承诺。在传统游戏源代码不公开的情况下，这些游戏规则都是游戏开发商想怎么调整就怎么调整的。

4.扩大区块链的受众群体

如果区块链游戏能够充分利用这些优势，让玩家拥有更好的游戏体验，那么区块链游戏就会被迅速推广和接受。区块链游戏可以获得更多关注和资金，从而促进区块链游戏快速、健康发展。

八、区块链游戏发展方向

区块链游戏拥有很大的想象空间。随着公有链技术的发展，区块链游戏的规模会越来越大，"生态"也会越来越丰富。

1.虚拟资产在游戏外流通

在传统的游戏中，也有一些游戏道具的交易平台。平台的作用就是充当中间人的角色，为虚拟资产（如游戏账号或者道具）的交易提供担保。目前的技术允许基于ERC-20 Token合约的同质化资产和基于ERC-721 Token合约的非同质化资产在区块链上流通。但受制于游戏体验以及用户数量，数字资产流通未能广泛进行。

未来，随着基础设施不断完善，数字钱包不再只是一个存储资产的地方，它将成为人们参与区块链应用的入口。随着去中心化的数字资产交易平台成熟，点对点的游戏道具、积分流通将逐渐成为常态。

2.游戏规则上链运行

在中心化的游戏中，规则是可以被更改的，游戏参数也是模糊不清的，比如游戏中"极品"装备的掉落、被抽中的概率等。区块链游戏的核心规则和参数被储存在区块链上，允许任何技术人员进行测试。这种方式解决了游戏开发团队和游戏玩家之间的信任问题。这种基于区块链技术的游戏信任机制以后会被越来越普遍地采用。

3.大型网络游戏与区块链广泛结合

在各大游戏巨头之间的竞争越来越激烈的情况下，区块链与游戏结合，是一种对游戏玩家非常有吸引力的游戏开发方式。这也是一种顺应时代趋势，扩大用户群体的游戏运营方式。

4.游戏整体链上运行

这就是游戏产业的最终形态，整个游戏的逻辑代码都在区块链环境下执行，数据由去中心化的区块链网络承载和存储。这种游戏需要一个可信、高效、无延迟的网络和众多轻节点来运行。但目前业界尚无决定性的技术方案，各种区块链系统的性能与算力无法支撑这种游戏。

第五节 医疗领域

远程诊断、远程治疗是提高医疗服务质量、增强医疗协调能力、提升医疗效果的有效手段。目前远程医疗系统面临的主要问题是存在单点故障风险。远程医疗系统也存在各种外部或内部数据泄露等问题，严重影响系统的可靠性和可用性。区块链技术可以有效解决这些问题。

区块链技术通过分布式架构管理不同参与者共享的健康记录分类账，所有分类账的副本都经过验证并与每个附属区块链节点同步。追踪被感染患者的访问地点、保护远程医患咨询记录、追踪药品和医疗测试包的供应链、验证医生的资质、证明医疗测试包的来源，这些问题都可以通过区块链解决。

远程医疗使医务人员能够通过提供方便快捷的服务，实现对病人远程监控、诊断和治疗，从而降低病人就医的限制条件，提高医疗服务水平，降低医护人员和病人暴露于病原体的风险。

远程医疗通过数字信息和通信技术，帮助病人改善自我护理，加强对病人教育，让病人可以通过支持系统来管理自身疾病。区块链技术应用于现有的远程医疗系统，有利于提升医疗安全水平。区块链在远程医疗系统中有许多应用场景，如建立临床资料来源、保证病人资料使用者的合法性、管理远程病人监测装置、保护病人的隐私以及自动支付结算。

去中心化功能提高了现有医疗系统的稳定性，从而保护病人的电子健康记录，防止对抗性攻击和数据意外丢失。此外，为了建立远程医疗参与者之间的信任关系，需要达成共识，同意目前区块链分类账的状态。公共密钥加密技术保证了健康记录不变，每笔信息在经过验证和写入分类账之前，都要先进行数字签名。

使用区块链技术实现远程医疗服务数字化具备显著特点和优势。传统医疗系统、中心化远程医疗系统和区块链支持的远程医疗系统的对比，如表6-1所示。

表6-1 传统医疗系统、中心化远程医疗系统和区块链支持的远程医疗系统的对比

项目	传统医疗系统	中心化远程医疗系统	区块链支持的远程医疗系统
成本	高	低	低
病人等候时间	长	短	短
容错度	无	无	有
病人到院就诊	必要	非必要	非必要
数据来源	非必要	非必要	必要
健康记录操作	需要	需要	不需要
文档	需要	需要	不需要
系统管理	中心化	中心化	去中心化
审计	无	无	有
数据隐私与安全	难以保护	较难保护	易于保护
透明度	非透明	非透明	透明
可靠性和完整性	低	低	高

医疗行业特有的需求，如快速实时电子健康档案（Electronic Health Record，EHR）共享、以病人为中心的健康数据管理、低成本、高效率、数据安全、保护隐私、可用性和透明来源，都可以通过运用区块链技术来满足。

在交互式医疗中使用区块链技术，可以有效保护数据库，预防篡改日志数据的风险。区块链技术与智能合约相结合，可以使远程医疗业务与服务自动化成为一种高效、可信的方式。

一、区块链在远程医疗中的应用场景

区块链技术在远程医疗中的应用场景，如图6-13所示。

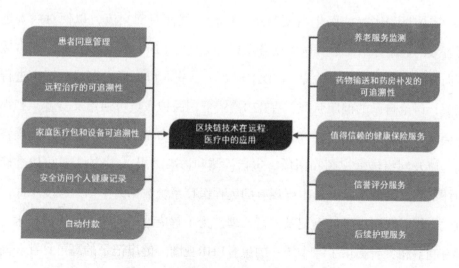

图6-13　区块链技术在远程医疗中的应用场景

1.患者同意管理

虚拟护理和健康监测的有效性取决于EHR的完整性，包括病史、诊断、药物和治疗计划。EHR是高度敏感的私人信息，需要在医院、药房和卫生监管机构之间安全共享，以保持病人的医疗数据更新。

远程医疗相关的卫生法规允许病人通过设定数据存取和使用规则，对临床数据进行控制和管理。传统的病人同意管理系统面临着许多挑战，如与专家共享EHR时间较长、对第三方服务器实施患者同意管理服务存在风险、无法公正地进行审核判断等。区块链技术有助于建立信任关系。通过区块链，病人同意管理系统通过不同参与组织的若干对等节点，可以较为有效地保障病人的隐私。区块链的不变性、可追踪性、透明性等特性有助于审核判断共享EHR的行为是否符合同意管理规则。

2.远程治疗的可追溯性

实施远程医疗，医生需要与病人进行在线面对面交流，以便对病人进行有效的健康评估。远程医疗服务可以分为D2C（Direct-to-Consumer，直接面向客户）模式和B2B模式。在D2C模式下，病人可以通过网络和医生进行交流，讨论自己的健康状况；在B2B模式下，医护人员可通过支持音频和视频会议等工具远程参与咨询和医疗教育服务（例如患者手术）。通过远程咨询，以及网络传输视频和图像（包括检测和诊断结果），医护人员可以准确地评估病人的健康状况。由于现有的远程医疗系统数据共享信息程度不深，卫生组织无法对患者健康记录进行管理。为了解决这一问题，区块链技术为所有利益相关者提供了一个统一的患者EHR视图。健康记录的高可见性和高透明度使相关的参与组织能够追踪病人的病史，从而提出适当的治疗方案。

3.家庭医疗包和设备可追溯性

家庭医疗包和设备能够帮助病人在非临床情况下进行自我诊断。病人可以使用现成的测试工具和设备进行自我评估、检查，检测疾病早期特定的生化反应，可以降低整体医疗成本。传统的中心化远程医疗系统缺乏透明度、可见性和数据来源。区块链技术可以用来记录家庭医疗包和设备的所有权和性能的相关信息。智能合约可以用来记录所有用于家庭护理服务的医疗测试包和设备的可信度评分。因此，家庭医疗包及其信誉度的数据来源记录可以帮助病人、医生更好地进行远程医疗。

4.安全访问个人健康记录

个人健康记录（Personal Health Records，PHR）是指个人健康资料、个人资料及其他有关病人护理的资料。数据所有者创建、维护和管理PHR记录。但是EHR涵盖了更大范围内的健康记录，因为这是由医疗服务提供者创建、维护和管理的。传统的远程医疗服务系统大多建立在云平台之上，由于它们是由单个实体来管理的，因此其可信度不高。另外，传统云计算系统的PHR的完整性也受到影响。去中心化区块链技术的本质特征使医疗数据拥有者能够维护数据的隐私权。智能合约可以根据病人同意策略让用户在系统中注册，并授权用户存取病人资料。区块链技术的灵活性可以帮助数据拥有者与合法用户共享和控制数据，同时遵守数据所有者设定的条款和条件。

5.自动付款

目前的医疗系统通常采用集中的第三方服务结算相关的诊疗、护理费用。但是，集中支付结算方式相对较慢，易受黑客攻击，且不透明。集中支付结算系统要么不支持小额支付，要么会收取昂贵的小额支付手续费。为了支持小额支付，区块链平台可以支持加密货币支付，提供了一个快速、安全、透明和可审计的系统，可以有效解决支付结算纠纷。使用数字签名进行支付结算交易可以确保医疗服务提供者与消费者在未来不会拒绝交易。

区块链技术能够支持货到付款服务，以将支付相关欺诈的可能性降至最低。例如，当网上药房实施远程药物递送服务时，智能合约可保证仅当病人成功地收到药物时才将加密货币转移到药剂师的电子钱包里。

6.养老服务监测

物联网技术的进步能够帮助远程医疗部门通过精确的生物医学传感器远程监测病人的健康状况。生物医学传感器通过高性能边缘服务器对健康数据进行持续监测和存储，帮助医生分析病人的健康状况。健康数据可以与血压、体温等重要指标相关联。然而，一旦生物医学传感器发生故障导致产生错误数据就有可能导致医疗事故。为了更好地解决这一问题，去中心化的区块链技术采用智能合约对生物医学传感器进行注册和验证，从而将EHR存入分类账中。智能合约能够及时通知医生和健康中心，以应对不可预见的突发事件。在家庭护理的场景中，物联网区块链系统可以主动发出病人需要补充药物的通知。

7.药物输送和药房补发的可追溯性

以在线咨询为基础的医疗系统可以让医生通过区块链交易来与当地药房共享药物处方。借助区块链技术，医疗系统可以消除潜在的处方错误和记录更改。药剂师可以访问存储在区块链中的药物处方，用于验证或准备药物，并向患者递送药物。托运人可以将自己当前的位置记录在区块链中，帮助药剂师和病人追踪药物。区块链交易的透明度和可追踪性使得病人和医生能够通过他们的数据来源验证药物是否合法。智能合约可以保证，在满足预定标准后，系统自动向药剂师发送（定期）处方补发订单。作为回应，药房可以对处方进行验证，以重新配药。在配药成功后，药品被送到病人手中，系统中的记录也相应更新。

8.值得信赖的健康保险服务

由于有限的激励措施和严格的隐私保护政策，很多病人往往不愿意向保险公司透露自己的健康状况。因此，患者往往会选择不适合自己的保险条款，从而导致在确诊后难以申请保险金。保险公司往往需要较长时间才能确定与保险有关的欺诈行为的真相。区块链技术能帮助保险公司将保险欺诈行为降到最低，这是因为保险公司在获得病人的授权后，有权访问病人的医疗记录。这可以鼓励病人允许保险公司使用病人的医疗数据。保险公司还可以设法鼓励客户保持健康的生活方式。比如，保险公司获得客户智能设备上关于健康运动的信息，然后可以通过区块链进行交易，向符合条件的客户提供加密货币作为奖励。

9.信誉评分服务

远程医疗的参与者包括病人、医护人员、医疗咨询专家等，是跨区域、跨学科诊疗的重要基础。医疗联盟与智能合约结合，可以实现远程病人的医疗转诊和专家意见咨询。在基于区块链的解决方案中，医护人员可以将转诊相关文件存入IPFS服务器，该服务器返回文件IPFS哈希值，以便在区块链上授权医疗咨询专家访问相关文件。IPFS哈希值存储在区块链中，可识别IPFS服务器上存储的文件是否被篡改。医疗咨询专家可以检查病人的健康报告，然后医疗咨询专家会把健康报告存入区块链分类账。病人可以对医护人员、医疗咨询专家的服务进行评分，结果将用于更新医护人员、医疗咨询专家在区块链上的信誉评分。

10.后续护理服务

后续护理服务使医护人员能够密切监测病人完成治疗后的健康状况。在一些案例中，后续护理服务要求患者在远程诊疗之前向医生提供相应的检测报告。区块链技术可以通过智能合约实现患者后续护理服务自动化。智能合约会自动发出通知，提醒病人后续的诊疗安排。医生可以访问患者透明且不可改变的EHR，以验证上一次诊疗时记录的病人健康状况。此外，通过IPFS服务器，病人可以使用智能合约注册和共享IPFS哈希值来访问医生做出的诊断报告。

二、基于区块链技术的远程医疗项目和协同效应

已经有一些基于区块链技术的远程医疗系统被开发出来，以增强医疗系统的可信度和运营透明度。基于区块链技术的系统可以使医务人员开展可靠的、可信的、透明的、可追踪的和安全的业务操作，从而改善医疗服务水平。下面介绍五个关于区块链医疗的案例，反映区块链技术与远程医疗系统结合的成果。

1.医疗信用

医疗信用（MedCredits）是以以太坊为基础的系统，可以帮助医生通过远程医疗系统为患者提供诊疗服务。它通过信誉系统，激励诚实行为、惩罚不诚实行为，从而保护用户免受恶意实体侵害。它还通过核验医生从业资格执照，保证只有专业水平优秀的医生才能加入平台。医疗信用使用两种基于以太坊的智能合约，可以帮助病人自动支付和验证治疗方案。该协议要求病人上传健康问题描述和相关检验资料。医生可以通过系统查看资料，诊断

病人的情况并给出治疗方案。患者可以申请第二次进行远程诊疗（如有必要，可以通过病例验证合同）。系统会向另一名医生发送病例相关资料，寻求第二意见。

2.医疗链

医疗链（Medicalchain）利用以太坊平台和Hyperledger Fabric平台，实现病人远程向医生咨询和健康数据市场应用程序相关服务。它可以帮助病人安全地与医疗人员在特定的条款和条件下共享健康数据。医疗链的EHR商业功能允许患者私下就EHR数据的使用条款和条件与医生进行协商。预置的Hyperledger Fabric功能使医疗诊断能够实现访问控制策略，并且支持不同级别的访问控制。医疗链在以太坊平台上使用基于ERC-20标准的代币，可以帮助参与者透明地使用平台服务和识别保险欺诈。

3.治愈点

治愈点（HealPoint）使用以太坊平台满足远程医疗服务的需求。它帮助病人通过远程健康咨询服务将病人的症状、病史和生命体征等信息分享给医生。治愈点基于以太坊为基础的智能合约，能够让患者获得来自世界各地的医学专家的服务。治愈点基于人工智能技术，可以根据病人的实际状况查找并推荐合适的医生。在提供医疗服务之前，治愈点会验证医生的身份和执照，根据医生的情况，允许或者拒绝其加入治愈点平台。所有医生与病人的互动行为都会被添加数字签名，然后被记录在分类账中。

4.我的健康我的数据

我的健康我的数据（MyHealthMyData，MHMD）是一个开放的生物医学信息网络，通过授权管理和控制个人数据，帮助个人与组织建立联系。它的目的是重塑并创新敏感数据的存储方式。这项计划也鼓励医院为开放研究提供匿名数据。项目涉及的关键技术包括区块链、动态同意、个人数据账户、智能合约、多层次去标识与加密技术，以及大数据分析。在数据安全方面，它采用公有链平台，以哈希语言存储信息。具体地说，智能合约被用来自动执行特定用户指定条件下的所有交易。以区块链为基础的解决方案可以有效地分配利益相关者之间的控制权，从而有效地避免欺诈行为。MHMD还提供了透明、可跟踪、可追溯、安全的数据，通过防篡改和分散的方法存储所有数据。MHMD以区块链为基础，成为安全可靠的资讯市场，有助于建立公民、医院、研究中心和企业之间的信任关系。

5.机器人医疗

机器人医疗（Robomed）是基于以太坊区块链的智能合约控制和管理的临床组织网络，目的是为病人提供有效的医疗服务。机器人医疗是一个医疗信息系统，服务对象为医疗机构。机器人医疗的基本功能包括实时监控医疗人员所有与病人的互动行为、医疗人员的决策，建立人员访问权限，显示健康专家日程，通过图表分析病人的健康状况，通过远程医疗提供健康咨询服务。

机器人医疗允许病人进行远程医疗咨询，推迟或取消他们的就诊预约，并且遵守在诊所共享EHR过程中规定的规则。通过使用智能合约，机器人医疗能够监测和验证病人的健康结果，并且遵循医疗服务临床指南。所有参与机器人医疗的组织都可以使用加密货币支付医疗费用。

三、区块链在医疗领域应用的特点

区块链在医疗领域的应用有以下四个特点。

（1）区块链技术通过严格遵守患者同意表中规定的规则，能够成功地利用智能合约保护患者的健康数据免遭恶意攻击。

（2）远程医疗系统可以在一定程度上解决医疗资源不平衡的问题，降低医疗事故发生概率。区块链技术在医疗领域的适用性将会日益提高。

（3）区块链技术具有可追溯性，使医务人员能够准确地识别家庭诊断中常见的欺诈行为。

（4）高数据安全性和隐私性使基于区块链的私有链和联盟链非常适合远程医疗系统，可以有效提高远程医疗服务的数字化与自动化水平。

第六节　物联网领域

一、"区块链＋物联网"的变化

区块链技术的特点包括数据记录可靠、资产所有权透明、交易即结算、基于可信数据和可信智能合约实现跨主体协作等。区块链技术可以在一定程度上对物联网进行改造。

1.基于区块链的数据确权和交易，保护物联网数据隐私，充分挖掘数据价值

用户可以根据区块链建立安全的认证与授权机制，并将物联网终端设备绑定在一起，通过对物联网设备采集的数据进行认证，形成数据资产。一旦数据资产上链，即明确归属方，防止未经授权滥用数据，用户成为数据真正的主人。在数据交易过程中，用户成为数据价值的受益者和利用者，充分挖掘数据的价值。

2.基于区块链的跨主体信任协作，打破信息"孤岛"，加速建立行业标准

各设备制造商能够基于区块链网络（一般是联盟链）共同创建多方维护

的设备管理数据库，按照共识规则共同监督、管理跨中心厂商物联网设备的数据采集和运算流程，打破信息"孤岛"，促进物联网行业信息横向流动和多方协作，为物联网行业应用解决方案提供更广泛的意见，加速推进行业标准建立。

3.基于区块链的机器间支付账户，创造资源即时共享的全新商业模式

将物联网设备加入账户系统中，配合智能合约部署，可以实现物品与物品之间的资源及服务自动交易。比如一个有富余电力的充电桩在接收到另一个缺电充电桩的交易请求时，可以在传输电力的同时获得报酬，这就可以创造出一种即时共享的商业模式，极大拓展了物联网行业的想象空间。由于目前的金融结算系统运营成本高、交易费用高，无法承担大规模物联网设备间交易的清算、结算任务，而基于区块链的加密货币支付系统则有望突破上述限制，实现设备之间的高频"微支付"清算、结算。

二、区块链在物联网领域的应用

目前，区块链技术在物联网领域的应用主要集中在机器"微支付"和数据确权交易上。

1.机器"微支付"

机器"微支付"以IOTA①项目和PowerLedger（能源分布式账本）项目为代表。它的核心任务是创造一种新的加密货币和支付网络，满足物联网设备的交互需求。其要求一般包括两个方向：一是支持高频、海量、0手续费即

---

① IOTA是为物联网（IoT）设计的一个革命性的新型交易结算和数据转移层。

时交易；二是能够以相对稳定的价格来衡量物联网资源的价值。

如何拓展商业合作资源，争取物联网设备厂商的支持，并将足够多的物联网硬件设备嵌入加密货币钱包中，从而在实际商业场景中形成规模效应，是机器"微支付"面临的一项重大挑战。

2.数据确权交易模式

欧盟于2018年5月25日发布了《通用数据保护条例》（GDPR），规定企业不得在未经用户许可的情况下擅自使用用户数据。这项规定极大地增强了物联网设备厂商使用区块链技术方案的意愿。

很多区块链项目都做过"数据确权交易模式"相关的试验，基本思路是与物联网设备厂商合作。厂商为了"自证清白"，会为用户提供加密和存储个人物联网数据的入口，让用户可以自由交易数据。

虽然物联网操作系统Ruff（轴环）一直致力于行业标准化，但是到目前为止，其对区块链技术的应用主要集中于物联网数据的可信证明，并没有以区块链为基础实现物联网厂商之间的融合发展。通过区块链跨主体协作优势推进物联网行业标准制定的案例，还有待进一步挖掘。

总之，区块链技术拥有巨大的潜力，可以改造物联网产业：一是解决了物联网产业数据隐私和价值挖掘的问题；二是"物联网资源共享交易"的新商业模式创造了一个新的需求。区块链跨主体协作的优势，对推动物联网行业标准的发展具有一定的作用。但物联网产业存在着系统性问题，基础设施建设成本高、行业解决方案复杂等问题是制约其快速发展的主要原因，需要不断优化。区块链技术尚不能解决这些问题。物联网产业至今仍处于起步阶段，在一定程度上限制了区块链技术在物联网领域的应用。

三、区块链与物联网技术融合

不同于其他领域和行业，"区块链+物联网"不仅代表着区块链技术改造传统工业，更是两者结合形成一个全新的技术方案，在其他行业中创造出丰富的应用场景，如图6-14所示。

图6-14　"区块链+物联网"的应用场景

已经有一些IT企业在上述领域率先与传统企业合作，对"区块链+物联网"进行探索，其中供应链溯源保障食品安全应用已较为成熟。IBM和沃尔玛合作进行的猪肉溯源试验数据表明，传统模式需要7天才能完成产品溯源，而使用区块链技术只需要2.2秒。目前，此类"区块链+物联网"技术解决方案主要是企业级联盟链技术方案。很多区块链项目都在尝试通过供应链溯源来打造开放的公有链，唯链就是其中的代表之一。

第七节　区块链、AI 和 5G 融合

随着智能手机、物联网终端普及，在区块链、AI、5G等技术推动下，互联网领域将出现一种全新的商业模式。互联网公司数据控制能力下降，算法供应商出现；区块链网络提供了数据隐私和数据市场治理的基础协议，使用户能够共享数据的价值；5G边缘网络中的计算平台将会承载更多的终端流量，改变原有的网络架构，提升智能终端（摄像头、小基站等）的计算能力和存储能力；移动终端硬件架构逐渐向GPU倾斜。

未来，在数据链和隐私保护下，IT巨头不需要掌握用户行为数据，只提供算法工具，通过区块链网络授权，为数据使用权付费，训练人工智能算法。到那时，互联网公司也许不再是数据和网络效应的垄断者，而是成为算法产品化模块的供应商，拥有庞大的算力支持AI和区块链运行。

区块链实现了数据确权与市场治理，数据资源的价值分配方式将向用户倾斜。在不存在数据垄断的情况下，个人用户产生的数据被广泛用于训练人工智能算法，并产生各种各样的网络服务。目前，大数据是最基础的网络资源，其中被挖掘的价值往往不会给用户带来任何回报，而用户还面临隐私被

侵犯和泄露的风险。未来，网络上分布的数据将由区块链账本来确认，使用区块链Token授权及支付费用。互联网的价值分配方式会向用户倾斜。

在3G和4G时代，数据陆续进入接入层、承载汇聚层、承载核心层，业务数据处理集中于核心网络，这种中心化的工作方式显然难以满足5G应用场景对时延、带宽、连接等方面的要求。在5G时代，不同业务场景的业务会在不同的节点结束以提高工作效率和可靠性。随着分布式AI兴起，5G边缘网络平台将会承载更多的计算能力和数据流量。

一、区块链对经济模式的影响

在比特币之后，更多的公有链平台如ETH、EOS等逐渐出现，吸引开发者开发DApp。但现实情况是，DApp数量增长很快，活跃度却很低，有的DApp甚至24小时都没有活跃用户。出现这样的情况是三个原因造成的：第一，基础设施还不完善，公有链的性能比不上中心化系统；第二，DApp的使用门槛很高，用户不能按照以前的习惯，直接使用公钥和私钥；第三，商业模式还没有成熟。

EOS等公有链活跃的背后，其实是相对中心化的设计理念，现实的应用需求和比特币本身的理想化场景已经分道扬镳了。5G、AIoT（人工智能物联网）的发展推动边缘网络能力增强，将为各种应用提供强大的网络支持。

在当前的互联网商业模式中，数据、价值、网络效应被互联网巨头垄断，用户处于弱势地位。互联网极大地改变了人们的生活方式，互联网大数据已经成为一笔巨大的财富，它造就了包括亚马逊、谷歌、脸书和苹果在内的众多互联网巨头。在目前的互联网框架下，人们需要依赖众多互联网公司提供的服务购物、搜索和社交。互联网公司成功的秘诀在于垄断数据和网络效应。互联网公司的云服务器存储大量数据,其中很多都是用户的隐私数据。虽然互联网公司声称保护用户隐私,但是数据泄露事件还是时有发生。

还有一点很容易被人们忽视,那就是数据的权益,数据本身就是一种极具价值的资源。随着人工智能技术飞速发展,数据的价值也在不断地被挖掘出来。很显然,用户并没有从中得到什么好处。用户的个人数据被存储在互联网公司的服务器上,存在被泄露出去的风险。这些个人数据的价值被各种大数据工具挖掘,为互联网公司创造利润。

互联网为人们带来了各种各样的便利,同时人们也不应该忘记自己的数据有被泄露的风险。互联网公司垄断数据和网络效应,如图6-15所示。

图6-15 互联网公司垄断数据和网络效应

区块链技术、AI、5G技术不断融合,使得互联网商业模式更加去中心化,从算法、算力、数据层面重构数据价值、硬件架构和网络架构。移动设备和物联网智能设备遍布整个互联网,用户的个人行为产生了大量具有潜在价值的数据。人们习惯于享用互联网公司提供的购物、搜索、社交等服务，而人们在这些活动中产生的数据则由互联网公司储存和管理。个人终端的性能无法与互联网公司的数据管理平台相比，这就是互联网公司垄断数据的根本原因。区块链技术可以构建由大规模点对点的对等节点组成的网络，不再依赖中央服务器来管理数据和账号，使得海量个人终端可以联合管理数据和账号系统。区块链具有加密特性，确保个人享有数据所有权，互联网公司将不再可以随意查看用户个人终端设备的隐私数据，无论数据存在何处。5G通信网络是海量数据传输、终端计算能力的基础，在推动互联网去中心化的趋势中起着重要作用。

用户可以利用数据获取收益、互联网公司转变为算法供应商，整个互联网产业的利益分配模式将被重构，如图6-16所示。可以想象，未来的用户在网上购物、聊天、玩游戏时，通过区块链网络来保护他们产生的数据的所有权。提供服务的互联网公司再也不能像过去那样随意地访问用户的数据，更不能使用人工智能算法来挖掘数据的价值了，因为互联网公司不再掌握用户的数据。互联网公司开发的人工智能机器人能够在用户终端上训练、学习，但是只能得到最终的反馈结果，用户的数据是不能免费使用的。算法模型将输出大量有价值的服务，包括精准营销、信用评估、家庭智能机器人等，这些服务能让互联网公司和用户共享。

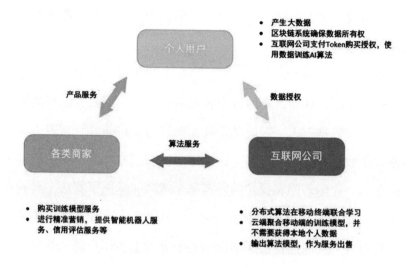

图6-16 互联网产业利益分配模式重构

二、区块链与 5G、AI 融合方案

人类的社会活动从来没有像现在这样依赖于移动设备，算力从个人计算机、服务器转移到移动终端，人工智能算法处理海量数据，越来越多的数据是由移动终端产生的。在互联网时代，人类数据的生产和存储量以指数级的速度增长。在过去的20年里，互联网巨头凭借着庞大的数据支配权和强大的网络影响力控制着互联网的主要资源和价值。随着科技飞速发展，互联网经历了软件开源、数据开放的浪潮，互联网巨头的垄断地位不断被削弱。如今，随着区块链、人工智能、5G等技术兴起，整个互联网正加速从以大型互联网公司为中心向分布式、去中心化转变。

在5G通信技术与人工智能算法推动下，互联网大数据的价值不断被挖掘。大数据领域需要一套市场规则与经济激励机制，这正是区块链的价值所在。区块链解决了个人数据确权与授权交易，为大数据的"高速列车"提供了规范的"轨道"。

1.算法

人工智能算法在移动终端的应用将成为未来的主流。人工智能的基础包括算力、算法和数据。人工智能的发展需要算力支持，并且需要为人工智能算法不断提供数据作为学习资料。越来越多的被当作基础资源的数据是在移动终端产生的。伴随着隐私保护的呼声越来越高，掌握了算法工具的互联网公司越来越少地挖掘自己的"数据金矿"。产品级"分布式机器学习"大规模推广指日可待，互联网巨头无须向中心服务器上传用户隐私数据，只需要通过移动终端输出学习模型的结果。

区块链网络实现数据市场治理，有效地打破了过去"无主"的个人数据由互联网公司垄断的局面。个人隐私数据实际上由互联网公司控制，用户无法获得数据产生的价值。当某个互联网公司根据你的行为数据向你推荐广告时，你是否考虑过这种服务的价值来自你自己的数据呢？区块链解决了数据私密性的问题——数据的所有权属于用户，如果其他人或者公司想要利用这些数据训练人工智能算法，就必须向区块链申请授权，然后在区块链上进行交易。

以5G边缘网络和雾计算作为网络通信基础，新的商业模式应运而生。在不久的将来，分布广泛的移动终端和云中心之间的数据交换方式将发生深刻变化，终端之间的数据交换将会更加频繁。5G边缘网络与雾计算将成为数据通信的基础之一，边缘网络架构与数据通信模式将会催生新产品与新的业务模式。

未来的算法将会呈现模块化、产品化的趋势，互联网企业将逐渐从数据和网络效应的垄断者转变为算法模块产品供应商。

2.算力

移动终端与物联网智能设备迅猛发展，需要算力由中心服务器向终端分布，最终实现中心化与分布式之间的平衡。人工智能需要在算法优化阶段投入大量算力，在谷歌明星机器人AlphaGo（阿尔法狗）击败李世石之前，DeepMind（深度思维）团队用48个TPU（Tensor Processing Unit，张量处理器）对AlphaGo进行了超过3 000万次的对弈训练。移动互联网时代的大量数据存储模式并不适合本地存储。因此，随着移动设备、物联网智能设备发展，算力必然会向边缘网络倾斜，从而实现算力分布部署。基于TensorFlow[①]，谷歌构建了全球第一个大规模的产品级可扩展移动联合学习系统，目前已经在数千万部手机上运行。目前，分布式算力最大的瓶颈在于有效的经济激励机制，而这正是区块链技术可以大显身手的舞台。

3.数据

互联网数据处于一种混乱的"无主"垄断状态，数据隐私将成为互联网未来最大的痛点。根据BM Security（BM安全）和Ponemon Institute（波耐蒙研究所）发布的《2018年数据泄露事件损失研究报告》的评估结果显示，2018年全球数据泄露事件的平均损失为386万美元，较2017年增加了6.4%。该研究还首次计算了涉及"超过100 000条记录的超大型泄露事件"的损失。评估显示，大规模数据泄露事件的损失很高，100万条数据泄露事件会造成4 000万美元的损失，而5 000万条数据泄露事件则会造成3.5亿美元的损失。

---

① TensorFlow是一个基于数据流编程（dataflow programming）的符号数学系统，被广泛应用于各类机器学习（machine learning）算法的编程。它拥有多层级结构，可部署于各类服务器、个人计算机上，并支持GPU和TPU高性能数值计算，被广泛应用于谷歌内部的产品开发和各领域的科学研究。

数据隐私权的本质在于数据确权与使用权交付。区块链的相关机制为数据市场提供可以借鉴的治理规则。在移动互联网时代，保护数据隐私的呼声越来越高。一方面，人们越来越清楚地认识到数据是一种蕴含巨大价值的资源；另一方面，大量数据与用户行为有着天然联系，因此用户越来越重视数据隐私保护。在过去的互联网模式中，数据主要存储在互联网公司的云端，用户很难宣称拥有这些数据的相关权利。互联网上不断涌现的大量数据也是由于"无主"而产生的。但实际上，所有数据都掌握在互联网公司手中，无论这些公司如何保证自己不会泄露用户数据，这也不代表用户拥有数据的所有权。越来越多的智能服务来自人工智能算法，它们利用用户的隐私数据进行学习。在这个过程中，用户处于被动状态，利益受损。

数据确权与授权，可以用代码合约来明确数据的所有权，通过代码合约授权和支付交易。区块链是一种天然的分布式账本机制，具有数据加密、不可篡改、来源可追溯等特点。移动终端产生的大量数据，将从过去的"无主"垄断状态，转移到用户手中，而人工智能需要的个人数据，则需要在得到用户授权后方可使用，相关费用由Token支付。在数据领域，人工智能和区块链结合有两个层面：一是数据层，两者能够相互渗透，完成数据确权；二是应用层，两者各司其职，人工智能负责业务处理自动化和智能决策，区块链负责数据层的可信授权。

分布式学习技术在移动终端的应用将成为打破数据垄断的关键。2019年2月，谷歌发布了全球首款超大规模移动分布式机器学习系统，目前已能运行于数千万部手机上。该产品利用联合学习（Federated Learning）算法，将存储在手机等设备中的大量分散数据作为学习素材。当前模型被下载到用户的设备中，通过手机数据学习不断提高，然后把变化总结成一小部分关键更

新。只有这个关键的更新会被以加密的方式发送到云端，然后其他用户提交
共享模型的更新会很快被平均化。简单来说，所有训练数据都保存在用户设
备中，上传到云端的个人更新也不会被存储。这种新算法使机器学习和云端
数据存储的需求"脱钩"，使模型更"智能"、延迟更低、更节能，同时可
以降低用户隐私数据泄露的风险。联合学习算法可以充分保护移动终端用户
的数据隐私，使企业云服务器无须获取用户终端数据，成为打破数据垄断的
关键。

4.市场激励

数据资源共享价值将有利于用户。在"无主"垄断的情况下，个人用户
产生的数据被广泛用于训练人工智能算法，并产生各种各样的网络服务。大
数据是互联网产业最基础的资源之一，从中挖掘出的价值往往不会给用户带
来任何回报，同时还会让用户面临隐私被侵犯和泄露的风险。未来，网络上
分布的数据将由区块链账本确认，使用区块链Token授权及支付费用。在这
种情况下，互联网的价值分享会向用户倾斜。

如何建立合理的激励机制，这是一个新的问题。关于Token的激励机
制，区块链相关社区一直在对其进行讨论。最初的比特币建立了一个通缩模
型，即总量恒定，产量每过四年减半，用算力保证系统运行和激励分配的公
平性。很多现实中的激励机制都遇到了很大的问题，除了监管之外，系统本
身的可持续性也是一个问题。

用过迅雷的人都知道，迅雷终端在个人计算机上运行的时候，用户的个
人计算机就会成为网络中的存储节点。这种点对点模式非常符合区块链去中
心化的理念，但用户提供了硬件和带宽。为了鼓励用户在线，迅雷提供了积
分奖励，其本质就是为了"获客"。后来，迅雷推出了玩客币。假设用户对

系统做出贡献，用户可以获得游戏币（俗称"挖矿"），玩客币可以通过"生态系统"购买服务，也可以在二级市场进行交易。用户会投入大量的硬件和资金去"挖矿"，参与"生态系统"建设。

以互联网巨头为主体获取和使用大数据，不存在激励的问题。在5G时代，面向个人数据、著作权确权与使用，需要建立有效的交易市场，而合理的激励机制是其中的关键。

三、分布式AI成为趋势

1.谷歌发布全球首个产品级移动端分布式机器学习系统，移动终端算力被充分调动

2019年2月，谷歌发布了全球首个产品级的超大规模移动终端分布式机器学习系统。该系统是基于TensorFlow构建的，已在数千万部手机上运行。这些手机能协同学习一个共享模型，所有的训练数据都留在移动终端，确保了个人数据安全，手机端智能应用也能快速更新。研究人员表示，该系统有望在几十亿部手机上运行。联合学习算法能产生更"智能"的模型，延时更低，功耗更少，还能更好地保护用户的隐私。

2.谷歌开放的联合学习算法使得移动端分布式机器学习成为现实

人工智能算法分布于大规模移动终端，协同输出学习模型，用户无须上传本地数据。谷歌团队克服了许多算法和研究上的挑战，使联合学习算法成为可能。例如随机梯度下降（Stochastic Gradient Descent，SGD）的优化算法通常用于许多机器学习系统，运行于大数据集。在特定的移动环境下，数据分布在数以百万计的移动设备和蜂窝设备上，这些设备具有高延时、低吞吐

量的特点，只能间歇性用于训练人工智能算法。联合学习算法是一种分布式机器学习算法，能用大量分散的设备（如移动电话）上的数据训练人工智能算法。该方法是一个"将代码引入数据，而不是将数据引入代码"的通用化的实践，较好地解决了隐私、所有权和数据存储位置等基本问题。

对于用户来说，这种算法有一个好处：除了可以更新共享模型外，用户还可以立刻使用改进过的模型。

许多移动终端的学习模型都会通过联合学习算法得到更加简洁的模型，最后只需要上传到云端就可以了。

要在大量移动终端上部署这样一个系统需要相当先进的技术。通常来说，上传速度要比下载速度慢得多。研究人员开发出一种新的方法，通过使用随机旋转和量化压缩更新，可以使上传成本降低到原来的约1%。

3.在深度学习领域，GPU计算已经成为主流

复杂的人工智能算法训练与计算经常涉及上亿数量级的数据，这些数据计算需要大量算力。目前主流GPU具有强大的计算能力和内存带宽，GPU的并行计算能力也是其优势之一。因为GPU不具备处理网络开销问题的能力，所以它能充分利用GPU进行数学运算。所有数据集都足够小，能够适应内存，因此网络成为实现分布式计算的瓶颈，而移动终端本地的GPU没有这样的瓶颈。这就解决了上述问题。

未来的IT基础架构可向两个方向发展：一是大规模数据处理、搜索和机器学习；二是移动终端和物联网智能设备将越来越依赖GPU的运算能力，GPU的算力将会得到进一步提升。

四、5G 边缘计算逐渐成为算力的基础

分布式人工智能可以充分利用网络的计算能力和数据处理、存储能力，从而引发移动硬件和算力的革命。人工智能引擎需要大量物联网传感器和执行器来收集并处理大量现场操作数据。海量数据将为"本地化"的人工智能边缘计算引擎提供基础信息，运行本地进程和现场决策。因此，网络需要实时边缘计算、数据收集和存储，从而推动人工智能在边缘网络处理数据。这样就可以通过智能合约实现云边缘智能计算机和网络计算机的数据授权和业务运作。

在5G时代，终端间的横向流量和极低的延时需求将由边缘网络来实现。在5G时代，基站间的横向流量将远远超过3G时代，时延要求不超过1毫秒。在3G和4G时代，核心网络通常集中在核心节点或者核心层。在5G时代，三层基站会增加，路由条目数量也会增加。当三层设备流量调度时，如果流量集中部署在核心网，设备会不堪重负，节点会出现故障，影响范围很广。在5G时代，核心网的横向流量集中度较高，时延将无法满足基站间横向通信的时延需求。核心网边缘分布的优点有两个：一是减少了核心网设备的下挂基站，减少了网络的流量，减少了路由条目，减轻了压力，提高了安全性，减少了故障的影响范围；二是减少了基站间横向流量跳数，降低了延迟，满足了低延迟场景的需求。

未来，一半以上的数据将在边缘网络处理、分析与存储，因此需要大量部署边缘计算算力。根据华为和第三方机构合作的研究成果，预计到2025年，全球互联网连接点数量将达到1 000亿个。未来，有50%以上的数据需要分析、处理和存储，边缘网络面临着业务实时性的挑战。对于实时性要求

较高的领域，如生产控制领域，业务控制时延必须小于10毫秒，而车联网应用则要求时延小于1毫秒。如果数据分析和控制逻辑全部在中心化的云端实现，则难以满足业务的实时性要求。

实现5G网络切片需要部署边缘云。不同的5G应用领域，需要不同的网络切片来支持不同的需求。这就是把一个物理网络分割成若干个端到端的虚拟网络。每一个虚拟网络包括设备、接入、传输、核心网络在逻辑上都是独立的。任何一个虚拟网络出现故障，都不会对其他虚拟网络造成影响。每一个虚拟网络都像瑞士军刀上的钳子、锯子，具有不同的功能特征，可以满足不同的需求和服务需求。部署网络切片，需要边缘云支撑。

五、区块链、AI 与 5G 的融合面临的风险

1.分布式人工智能推广没有达到预期的效果

突破互联网企业数据垄断的关键在于分布式人工智能。分布式人工智能的算法目前还处于开发初期，解决大规模移动数据协同通信是一个难点，能否在移动终端推广和部署存在一定的不确定性。

2.区块链基础设施开发没有达到预期的效果

区块链技术是解决数据隐私问题的关键技术之一。目前区块链基础设施还不足以支撑高性能网络部署，其去中心化程度、安全性等都会对系统的性能造成一定限制，区块链基础设施开发可能达不到预期的效果。

—————— 本书获得以下项目资助 ——————

中国职业技术教育学会－新时代中国职业教育研究院 2022 年职业教育重点课题"区块链技术赋能下职业教育产教融合创新研究"（SZ22B08）；广东省哲学社会科学基金项目"基于区块链技术的粤港澳大湾区供应链金融风险防范研究"（GD21CYJ21）。